漫話PHP
史上最強的PHP手冊

從0開始的PHP教學程式範例實練，
教您在職場上如何實際開發網站專案

台灣第一本
漫畫解說
PHP

東琨和 著

太可惜了！

妻，美術設計師

決定什麼啊？

夫，程式設計師

嗯！
我決定了。

我要
分離！

分——
離——
分手！？
離婚！？

吵屁啊你！
我是要程式碼分離！
PHP跟Ⅰ...

博碩文化

前言

「這是一本成為網站製作人的人生指南！」
「這是一部深入了解專案開發過程的實錄！」

PHP 作為輕巧靈活的程式語言，非常適合用來開發 Web 應用程式。但是在專案實務中，開發網頁通常都是 PHP 與 HTML 混寫，程式碼中充斥著資料庫操作、邏輯判斷、甚至用 PHP 生成 HTML、JavaScript 等。當專案規模擴大以及前端邏輯越來越複雜時，這種混寫的方式將帶來修改困難與混亂等問題。

於是，我們要實現 PHP 和 HTML 的程式碼分離。不論是程式設計師或美術設計師，都可使用本書以 PHP 原生樣版引擎建立的簡單設計模式生成網頁文件。其模式的基本就是分檔，切割動態資料（程式設計師的 PHP）與視覺樣版（美術設計師的 HTML），讓程式設計師與美術設計師分工獨立作業，彼此作業完成之後，將資料與樣版做結合，生成網頁文件。

身為程式設計師的你，身為美術設計師的你——是不是常常面臨 HTML 標籤與 PHP 程式碼交錯混雜的問題？你是程式設計師，追加個小程式，卻讓網站畫面整個走樣嗎？你是美術設計師，修改個樣式表，卻讓整個網站停止運作嗎？

你知道嗎？樣板引擎可以實現 HTML 與 PHP 的程式碼分離。除了方便維護之外，也可達到程式設計師和美術設計師的責任分工。但 PHP 的樣板引擎這麼多，你覺得該選哪一款的樣板引擎來使用呢？其實，我們不需要套用別人寫的樣板引擎。因為 PHP 本身就是樣板引擎！本書帶你從零開始架設網站，使用 PHP 原生樣板引擎，實現代碼分離。

本書獨有：
漫畫繪製多人部落格「**欅坂浪漫**」專案開發過程

目錄

登場人物

妻子
- ☑ 職業：美術設計師
- ☑ 專長：HTML、CSS
- ☑ 偶像：乃木坂 46

丈夫
- ☑ 職業：程式設計師
- ☑ 專長：PHP、jQuery
- ☑ 偶像：**欅坂 46**

妳聽過 PHP 原生樣板引擎嗎？

其實 PHP 本身就是樣板引擎，沒必要在樣版引擎上再加一個樣版引擎。

那好，天然的最好。
就這麼決定了。
從下個 CASE 開始使用 PHP 原生樣板引擎。

第1回
需求分析

4月出道，11月第三張單曲銷售突破50萬張，12月上紅白，**欅坂46** 真勢如破竹，銳不可當。

咖啡廳

客戶

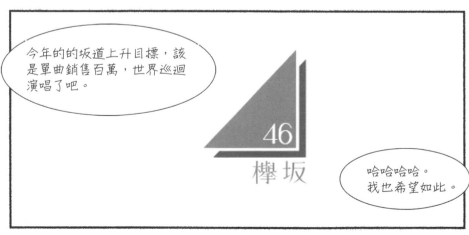

今年的的坂道上升目標，該是單曲銷售百萬，世界巡迴演唱了吧。

46
欅坂

哈哈哈哈。
我也希望如此。

部落格？

很簡單吧？
市面上不是很多
現成免費的？

那些都是面向單一用戶的啊。如果
把市面上那些給單一用戶用的部落
格比喻成一家商店，個別商店彼此
無關聯，網站黏著性差。

坂道商城

而我們將幾十個相關的部
落格集合起來，就是一條
商店街、一座購物廣場，
逛完這家到下家。整天耗
在這個商場都沒問題。

所以客戶想要的，
不是分散的一人部落格網站，
而是集中的多人部落格平台？

沒錯，就是這樣。

這兩種有什麼不同？

使用者角色就有不同了。

一般自己架設或是申請的一人部落格網站，其使用者
角色就是管理者，
管理自己一個人的帳號就是管理整個網站的帳號，
管理自己一個人的文章就是管理整個網站的文章。

多人部落格平台，其使用者角色有二，
一是平台會員，在本案即為偶像們，管理自己的帳號
跟自己發表的文章。
二是平台管理者，在本案即為客戶，管理所有偶像的
帳號跟所有偶像發表的文章。

客戶說：「我希望建立一個可以讓旗下線十個
偶像自行登入發文的多人部落格平台。」
所以在使用者帳號上我們就要注意──註冊的
問題。
本案需要考慮到可能會有外部使用者註冊帳號，
或是無法確認該帳號是自家偶像註冊的問題，
所以我們取代傳統註冊流程，由平台管理者在
後台建立偶像（平台會員）的部落格帳號，同
時間前台自動生成對應的部落格頁面。

聽起來多人部落格平台
複雜很多。
那我們製作起來會不會
很麻煩？

不會麻煩，別擔心。
只要我們做好需求分析，
將需求一一釐清，建立出
一套網站建置的流程，照
樣把需求轉換成網頁。

這個我懂。
因為網站建置需要注意的事情很多，如果一開始的需求
分析做得不清不楚，不夠明確，那麼我們跟客戶之間就
會有認知差異，很可能會導致未來在製作的過程中不斷
的修修改改，就在這樣反覆修改的過程中，造成專案的
成本增加。

沒錯，就是這樣。
一個失敗的專案，有相當高的比例來自於我們
（開發方）和客戶（驗收方）之間對需求的認知
不同，如果雙方有一份形成共識的規格作為憑
據，比較不會陷入這種困境。

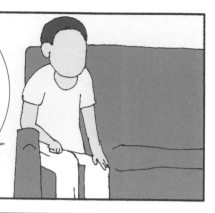

需求分析的重點在於定義需求，透過我們（開發方）對客戶（驗收方）進行需求訪談，擬訂需求清單，再將我們擬訂的需求清單送交客戶進行確認。

除了我們剛剛說的註冊，部落格另一重要功能為發文。
偶像如何發文呢？

平台管理者在後台建立偶像（平台會員）的部落格帳號，然後她就可以——

1. 登入後台
2. 透過後台操作介面發表文章

好的，先到這裡，我們分析一下，

需要一個會員管理系統，功能是
1. 註冊（建立帳號）
2. 編輯帳號（修改登入帳號、修改登入密碼）
3. 刪除帳號

需要一個文章管理系統，功能是
1. 建立文章
2. 編輯文章
3. 刪除文章

這種分析方法是紀錄我們（開發方）和客戶（驗收方）的對談（需求訪談），整理成一份需求清單。
需求清單的目的是成為凝聚雙方共識的文件，不要他想要的藍是海水藍，而我們做出來的藍是天空藍，避免做出與雙方想像中有誇張落差的系統。

【MEMO】

第 2 回
功能規劃

我們把客戶的需求轉換成網站的功能，最終是要產生網頁的，對吧？
所以登入這項功能，就會對應一個登入的頁面嗎？

妳說得對，很好。
我們可以分析昨天跟客戶的需求訪談，從而製作出功能和網頁的對照表。首先是「會員管理系統網頁規劃」……

等等，
我想到一個問題！

你說過多人部落格平台，其使用者角色有二，

一是平台會員，在本案即為偶像們，管理自己的帳號跟自己發表的文章。
二是平台管理者，在本案即為客戶，管理所有偶像的帳號跟所有偶像發表的文章。

所以兩種角色進入後台會員管理系統，所能操作的功能並不完全相同吧。

分析得很好,妳看!
上面是「平台會員」的
會員管理系統網頁規劃:

功能	網頁	說明
登入	login.php	輸入帳號、密碼的網頁
登入連接	connect.php	1. 登入成功訊息提示、轉向會員中心 2. 登入失敗輸入錯誤帳號或密碼時顯示的說明訊息
會員中心	member.php	檢視會員個人資料及文章
修改會員資料	update_member.php	提供會員修改個人資料的網頁

下面是「平台管理者」的
會員管理系統網頁規劃:

功能	網頁	說明
登入	login.php	輸入帳號、密碼的網頁
登入連接	connect.php	1. 登入成功訊息提示、轉向會員中心 2. 登入失敗輸入錯誤帳號或密碼時顯示的說明訊息
註冊	add_member.php	建立會員帳號時填寫資料的網頁
會員中心	member.php	檢視會員資料及文章
會員列表	member_list_bk.php	列出旗下所有會員
新增會員	add_member.php	新增會員資料的網頁
新增會員儲存	add_member_save.php	儲存新增會員資料的網頁
修改會員資料	update_member.php	管理者修改會員資料的網頁
修改會員資料儲存	update_member_save.php	儲存修改會員資料的頁面
刪除會員資料	delete_member.php	刪除會員資料的頁面

喔喔，我看懂了。
平台會員的會員中心，
只會列出她的個人資料，
因為只能管理自己的會員資料。

而平台管理者的會員中心，
是列出所有的會員，
因為可以管理所有人的
會員資料。

理解得很好。

但是，
會員的資料是存在
哪裡啊？

存在資料庫啊！
我們在資料庫裡建立
一張「會員資料表」，
欄位規劃如下：

欄位名稱	資料型態	說明
uid	int	會員編號（主索引、自動編號）
username	varchar	會員帳號
password	varchar	登入密碼
file	varchar	會員照片
other	varchar	會員介紹
role	varchar	會員角色

再來是「文章管理系統」，妳看。
上面是「平台會員」的
文章管理系統網頁規劃：

功能	網頁	說明
新增文章	add_thing.php	新增自己文章的資料填寫頁面
新增文章儲存	add_thing_save.php	儲存新增文章的頁面
修改文章	update_thing.php	修改文章資料的填寫頁面
修改文章儲存	update_thing_save.php	儲存修改文章的頁面
刪除文章	delete_thing.php	刪除文章的頁面

下面是「平台管理者」的
文章管理系統網頁規劃

功能	網頁	說明
修改文章	update_thing.php	修改文章資料的填寫頁面
修改文章儲存	update_thing_save.php	儲存修改文章的頁面
刪除文章	delete_thing.php	刪除文章的頁面

同樣的為了儲存資料，我們在資料庫裡建立一張文章資料表，欄位規劃如下：

欄位名稱	資料型態	說明
tid	int	文章編號（主索引、自動編號）
t_name	varchar	文章標題
file	varchar	文章照片
content	varchar	文章內容
uid	int	文章作者（會員編號）

到目前為止，我們規劃了的網頁：

1. 登入頁
2. 登入連接頁
3. 會員中心頁
4. 會員列表頁
5. 新增會員表單頁
6. 新增會員儲存頁
7. 修改會員資料頁
8. 修改會員儲存頁
9. 刪除會員頁
10. 新增文章表單頁
11. 新增文章儲存頁
12. 修改文章表單頁
13. 修改文章儲存頁
14. 刪除文章頁

你只說了後台的管理頁面部分，還需要前台的：

1. 首頁（會員列表頁）
2. 個別會員文章列表頁
3. 文章內容詳細頁

下面是網站前台的網頁規劃：

功能	網頁	說明
首頁	index.php	網站的入口
文章列表頁	herblog.php	顯示個別偶像文章列表的頁面
內容詳細頁	thing.php	顯示文章詳細內容的頁面

妳真厲害，已經能舉一反三了。

最後，我們把製作出來的這些網頁檔案，放進我們為客戶代租的虛擬主機。

當然，我們要檢查租用的虛擬主機，是否滿足本案網站運行的基本需求，嗯，我建議：

網頁伺服器
Apache、Nginx、Microsoft IIS 或者其他能支援 PHP 環境的網頁伺服器。

資料庫
MySQL 5.5.3、MariaDB 5.5.20、PostgreSQL 9.1.2 或者是 SQLite 3.6.8 以上的版本。

PHP
PHP 版本為 5.5.9 或更高的版本。

嗯，嗯，嗯，
其實……

怎麼了？

我剛剛問，
會員的資料是存在哪裡？
你說存在資料庫裡。

嗯，
是存在資料庫裡啊！

這就是我不懂的地方。
其實我一直都不懂資料庫是什麼。
以前在公司做美術，
一直以來都是用 HTML 寫靜態網站，
到現在也只會做靜態網站而已，
不知道要如何運用資料庫，
做出一個動態網站。

那正好，趁這個機會，
我就本案實際使用的虛擬主機，
一步一步建立資料庫給妳看。

【MEMO】

第 3 回
系統環境

網站，是用戶端透過網路執行的應用程式。
網頁應用程式在執行時需要與伺服器互傳訊息。所以對於本案多人部落格平台而言，第一步必須建構網站使用的伺服器，我們就使用現今常見的「虛擬主機」。

虛擬主機 (Virtual Hosting)，又稱共享主機 (Shared Hosting)，又稱虛擬伺服器、主機空間或是網頁空間，是一種網路技術，可以讓多個主機名稱 (host name)，在一個單一伺服器（或是一個伺服器組）上運作，而且可以分開支援每個單一的主機名稱。虛擬主機可以執行多個網站或服務的技術。虛擬並非指不存在，而是指空間是由實體的伺服器延伸而來，其硬體系統可以是基於伺服器群，或者單個伺服器。(維基百科)

開發 PHP 網站，除了 PHP 程式之外，還需要有作業系統、Web Server 網站伺服器以及資料庫。一般使用 PHP 程式開發的網站，以使用 Linux 的作業系統居多。

建構環境：
作業系統— Linux
網站伺服器— Apache
資料庫— MySQL
後端程式語言— PHP

所以我們要租用的虛擬主機，如果本身就具備 LAMP 架構是最好，不然我們就要自己安裝 LAMP，不過一般情況都是會有的。

LAMP ？
就是那四個軟體名稱的第一個英文字母組成？

沒錯！
LAMP（Linux-Apache-MySQL-PHP），是國際上廣泛使用的 Web 框架，其組成產品均是開源軟體，在國際上已是很成熟的框架，很多 PHP 網站的應用都是採取這個架構。
也是本案所要採用的網站建構環境。

我已經付費給業者租用 Linux 虛擬主機，業者在收費後會寄送一封主機開通信給我們。

信裡頭會有主機相關資訊，包含：
1. 主機名稱
2. cPanel 控制台
    位置、登入資訊（帳號、密碼）
3. FTP
    位置、登入資訊（帳號、密碼）
4. Email 設定
    POP3 主機、SMTP 主機

FTP 軟體我用過，上傳 HTML 檔案做靜態網站。
一般會指定網頁檔案請務必上傳至 / public_html 資料夾。
那個 cPanel 能做什麼？

cPanel 是一套虛擬主機後台管理系統,可以讓我們透過網頁的方式來管理網站,管理網站發佈、E-mail、檔案、備份、FTP、網站流量統計等功能。

cPanel 提供給我們的管理功能,依照租用的方案不同,Cpanel 控制面板上的項目會有所差異。

cPanel 主機登入資訊

帳號:■■■■
密碼:■■■■■
(cPanel 帳號密碼與 FTP 共用)

FTP 位置:■■■■■■■■ 〔網頁檔案請務必上傳至 ■
cPanel 控制台:https://■■■■■■■
網頁郵件:https://■■■■■■

** 在您的網址 DNS 生效或是 IP 指向成功前,您可以使用以下位置來登入 FTP 或是使用預覽工具來預覽您的網站
FTP 位置:■■■■■■■

我們現在就開啟主機開通信,找到裡面一個 cPanel 的連結,然後使用所附的帳號、密碼進行登入,登入 cPanel 控制台。

進入 cPanel 控制台位置
輸入「使用者名稱」及「密碼」,
然後點擊「登入」!

cPanel®

使用者名稱
👤 輸入您的使用者名稱。

密碼
🔒 ‧‧‧‧‧‧‧‧‧‧

登入

重設密碼

English   العربية   čeština   dansk   Deutsch   Ελληνικά   español   español latinoamericano   ...

cP
Copyright© 2017 cPanel, Inc.

一個 cPanel 大致上會有以下這些功能：

檔案的資訊總覽，包含：
檔案管理員、圖片編輯器、網頁保護、磁碟空間、FTP 帳戶、
FTP 連線、備份、備份精靈

資料庫的資訊總覽，包含：
phpMyAdmin、MySQL 資料庫、MySQL 資料庫精靈

網域的資訊總覽，包含：
站點發布器、附加網域、子網域、網域寄放、管理轉頁、簡易
DNS Zone 編輯器、進階 DNS Zone 編輯器、Zone Editor

帳號的資訊總覽，包含：
電子郵件帳戶、郵件轉寄、異動 MX 紀錄、自動回應程式、預設
帳號、追蹤傳送、信件過濾、電子郵件篩選、電子郵件驗證、
郵件帳號匯入工具、垃圾郵件殺手

統計表及記錄檔的資訊總覽，包含：
訪客、錯誤紀錄、流量、原始記錄檔、Awstats、資源使用

安全性的資訊總覽，包含：
IP 封鎖程式、SSL/TLS、防止盜連、密碼保護、Lets Encrypt
SSL

軟體的資訊總覽，包含：
PHP、Select PHP Version、Installatron Applications Installer

對於架設本案網站來說，在這裡面所有的功能中，一定要熟悉的，就只有下列幾項而已：

透過 FTP 來管理上傳的網頁檔案。

透過 phpMyAdmin 來操作資料庫。

還有建立子網域的功能，可以讓我們建立一個本案網站專用的子網域。

網域？

架設網站的三要素：
1. 網域
2. 主機
3. 網站內容。

「open365.tw」就是本案的網域？

架設網站的第一步，就是去找專業的網站主機商，租用網域與主機。

是啊，

網域（Domain）是一個網站網址的基本。一般購買台灣的網域（.tw）。

我們申請租用的網域為「open365.tw」，因為是部落格，網路日誌，一年 365 天全面開放。所以用「open365.tw」。

而本案的網址，會加上偶像團體「**欅坂 46**」的英文「keyakizaka46」，建立子網域「keyaki」。

這個「open365.tw」網域，加上「keyaki」子網域，本案就會有這樣的網址來讓人瀏覽：「keyaki.open365.tw」。

本案網址：「keyaki.open365.tw」。

也許下一個案子，就是接著做「乃木坂46」的多人部落格平台。

我們已經租用「open365.tw」網域，到時候加上偶像團體「乃木坂46」的英文「nogizaka46」，建立子網域「nogi」。

這個「open365.tw」網域，加上「nogi」子網域，到時候就會有這樣的網址來讓人瀏覽：「nogi.open365.tw」。

很好，學得很快。
有了網域之後，還必須要有主機，用來放網站內容的網站空間。
網站空間選擇有很多，本案是用前面講的虛擬主機（Virtual hosting）。

懂了，懂了。
接著第三個要素：網站內容，就是我們自己用 HTML +PHP 打造出來的網站。

能掌握架設網站的三要素，就等於是一個能獨當一面的網站製作人了。

【MEMO】

第4回
視覺設計

決定本案網站名稱了嗎？

客戶自己有想法嗎？對於網站名稱？

又要抽籤？妳找各想十個出來，抽籤決定嗎？

需求訪談時，我提議叫「**欅坂浪漫**」。

欅坂浪漫？什麼鬼？客戶同意了？

……

他說好，說很美的站名，說好浪漫。

……
我們開工吧！

網站建置是一個複雜的過程，基本上我會將打造網站的流程區分為四大步驟：

1. 網站企劃
2. 視覺設計
3. 程式開發
4. 發佈網站

1. 網站企劃
即是前面我們講到的
第 1 回　需求分析
第 2 回　功能規劃
第 3 回　系統環境

2. 視覺設計
網頁視覺設計不僅僅只是網站的外觀而已，還包括頁面版型、版面結構設計、HTML 結構、CSS 樣式表、JavaScript 程式規劃等等。

3. 程式開發
在程式開發這個階段，我一般會採取以下步驟：
 1. 資料庫規劃
 2. 系統架構設計
 3. 選擇開發工具
　　（例如 Visual Studio，PHP 用 Notepad++ 就很好用了）
 4. 選擇開發架構與程式語言
　　（例如 ASP.NET 與 C#，CodeIgniter 與 PHP）
 5. 後台內容管理介面開發
 6. 前台程式套版
 7. 測試

4. 發佈網站
在網站建置並測試完成後，最後就是發佈網站了。本案是租用虛擬主機讓網站上線。

所以我們的下一步是……
視覺設計。
妳的設計做好了嗎?
這不是一般的部落格網站,
是偶像團體的多人部落格平
台喔。

一般的部落格網站,也就是一人部落格,
其首頁就是日誌文章列表。
而本案**欅坂浪漫**的多人部落格平台,目的
是宣傳偶像團體**欅坂 46**,所以我想設計
成這樣:

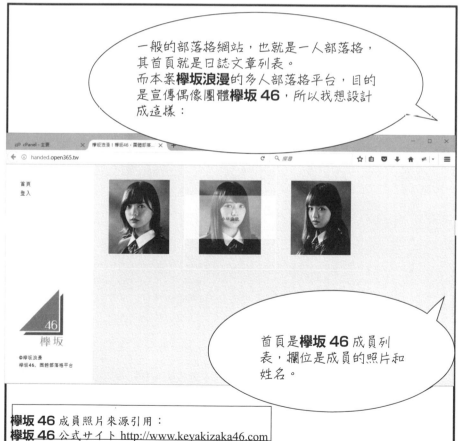

首頁是**欅坂 46** 成員列
表,欄位是成員的照片和
姓名。

欅坂 46 成員照片來源引用:
欅坂 46 公式サイト http://www.keyakizaka46.com

點擊成員照片，進入對應該成員的頁面，
區塊是個人資料和日誌文章列表。
其實就是那名成員她的個人部落格。

點選某篇文章的 *MORE* 連結時，
進入文章內容頁，顯示該文章的
詳細內容。

這就是前台的部分。

欅坂 46 成員照片來源引用：
欅坂 46 公式サイト http://www.keyakizaka46.com

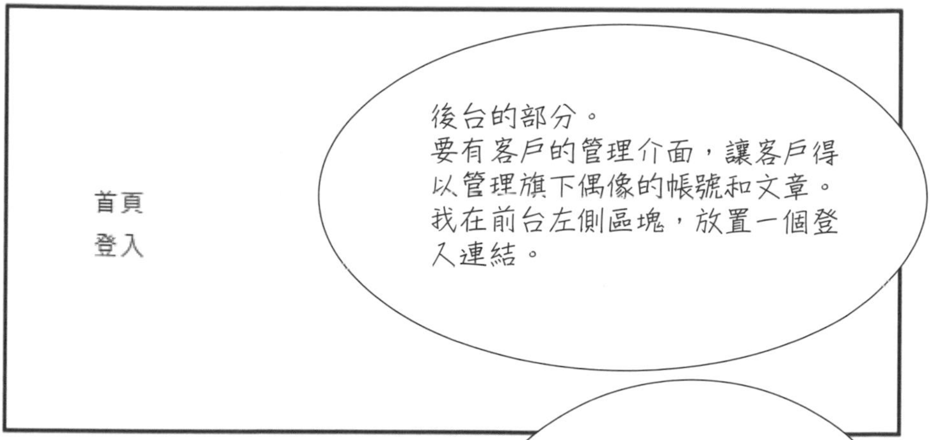

首頁
登入

後台的部分。
要有客戶的管理介面，讓客戶得以管理旗下偶像的帳號和文章。我在前台左側區塊，放置一個登入連結。

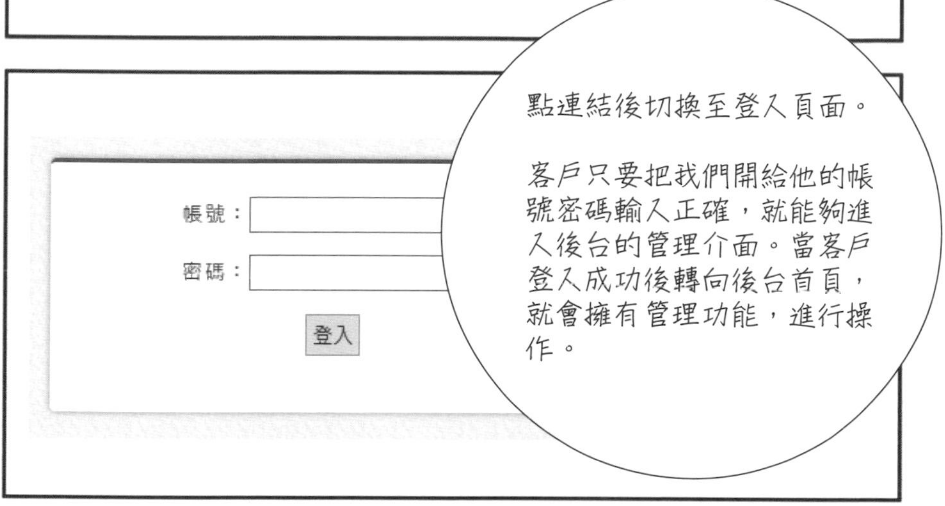

帳號：

密碼：

登入

點連結後切換至登入頁面。

客戶只要把我們開給他的帳號密碼輸入正確，就能夠進入後台的管理介面。當客戶登入成功後轉向後台首頁，就會擁有管理功能，進行操作。

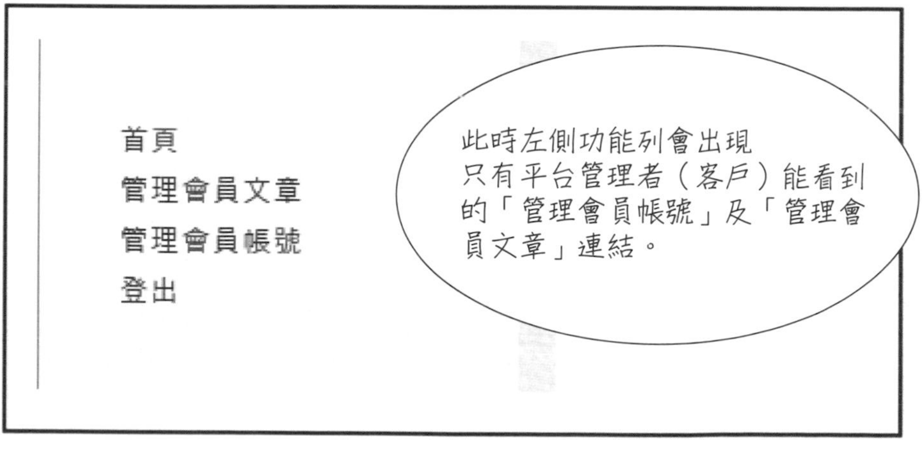

首頁
管理會員文章
管理會員帳號
登出

此時左側功能列會出現只有平台管理者（客戶）能看到的「管理會員帳號」及「管理會員文章」連結。

漫話 PHP —史上最簡易的 PHP 學習手冊

點擊左側功能列「管理會員文章」，列表顯示所有偶像（平台會員）的文章。

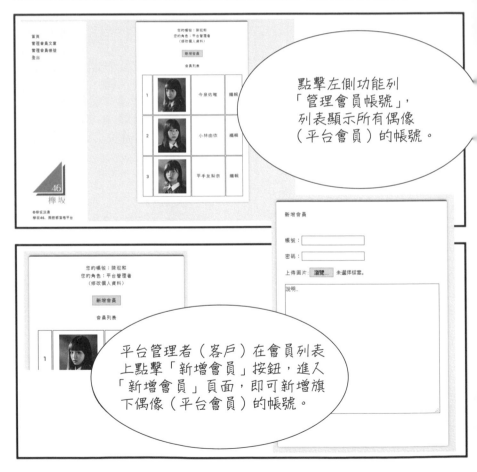

點擊左側功能列「管理會員帳號」，列表顯示所有偶像（平台會員）的帳號。

平台管理者（客戶）在會員列表上點擊「新增會員」按鈕，進入「新增會員」頁面，即可新增旗下偶像（平台會員）的帳號。

當然了,偶像也要有個管理介面,讓偶像得以新增日誌和修改文章。
偶像點擊登入連結,轉向登入頁面。

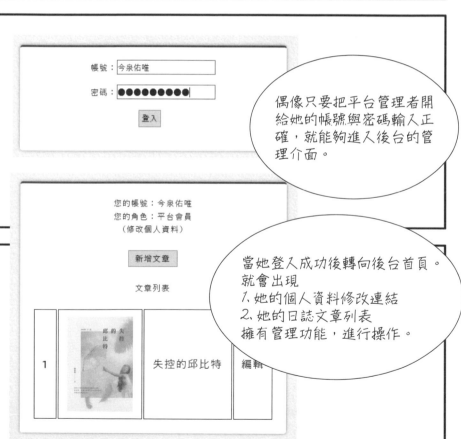

偶像只要把平台管理者開給她的帳號與密碼輸入正確,就能夠進入後台的管理介面。

當她登入成功後轉向後台首頁。
就會出現
1. 她的個人資料修改連結
2. 她的日誌文章列表
擁有管理功能,進行操作。

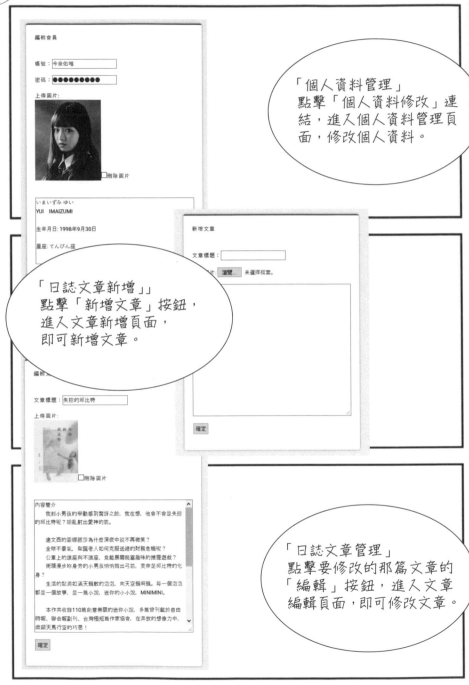

「個人資料管理」
點擊「個人資料修改」連結,進入個人資料管理頁面,修改個人資料。

「日誌文章新增」」
點擊「新增文章」按鈕,進入文章新增頁面,即可新增文章。

「日誌文章管理」
點擊要修改的那篇文章的「編輯」按鈕,進入文章編輯頁面,即可修改文章。

【MEMO】

第5回
樣板引擎

完成包括版面的 HTML、CSS 的
「視覺設計」後，要進入下一個階
段「程式開發」。

本案網站建置，主要的程式需求
就是做內容管理，管理「會員」
跟「文章」這兩個內容類型。

我們將網站上「會員」跟「文章」的內容儲存在資料庫
中，並透過 PHP 程式將資料庫中的資料讀取出來，將所
要顯示的資料放到網頁 HTML 裡，製作前台與後台。

前台提供一般網路使用者瀏覽本案網站，後台建置一個
「內容管理系統」讓客戶來管理這些資料。

問題來了！

PHP 程式將資料庫中的資料讀取出來，
將所要顯示的資料放到網頁 HTML 裡，
常常會發生「亂了套」的問題。
程式設計師接到美術設計師給的版型後
進行套版，但是網頁版型（HTML）在套
上程式（PHP）之後，網頁程式碼可能就
是一團亂了。

「搞什麼？為什麼網站不能運作？」

「美術設計師說，我的版面做出來的時候是
　好的，是程式設計師把版面弄亂的，我又
　不懂 PHP。」

「程式設計師說，我在 HTML 網頁套上程式
　碼後，傳回美術修改畫面，是美術設計師
　把功能再壞的。」

這時候樣板引擎就可以派上用場了！

我們將網頁資料內容與網頁樣板分開，
使用樣板引擎將內容資訊與網頁樣板結
合，然後產生出網頁文件。

雖說市面上 PHP 的樣板引擎有數十種，但
是我們不用煩惱說要選什麼樣的樣板引擎
來建置，PHP 原生樣板引擎就可以做到。
因為 PHP 本身就是樣板引擎。

天然的真的好，
好簡單，
幾行 PHP 程式碼就可以做到。

```php
<?php
function rwd_render($_template, $_data){
    ob_start();
    include $_template;
    $result = ob_get_contents();
    ob_end_clean();
    return $result;
}
```

PHP ☐ × + — □ ×

← → ○ | php.open365.tw ☐ ☆ | ≡ ···

G

首頁的標題

首頁的介紹1

首頁的介紹2

直接看範例最清楚了！妳來看看這個超簡單的網站

我們建立一個專案，名稱叫 php，
網站網址：http://php.open365.tw

環境設置好之後，用「FileZilla」上傳檔案後，
造訪 PHP 網站網址：http://php.open365.tw

好，開始了！手把手，一步一步來！
「程式開發」的第一步就是先設定目錄結構。

專案 php 網站資料夾
├── module   模組目錄
│   ├── function.php   函式文件
├── template   版型目錄
│   ├── index_tpl.php   首頁版型文件
├── index.php   首頁文件

網站資料夾裡有一個首頁文件及兩個子資料夾：

> 漫話PHP > 網站資料夾

module   template   index.php

「index.php」首頁文件
即是網站入口，一般進入 PHP 網站首頁都是讀取
「index.php」此文件，

當有人來訪 http://php.open365.tw，即是造訪
http://php.open365.tw/index.php。

```php
index.php
1   <?php
2   include_once dirname(__FILE__).'/module/function.php';
3   $show_html = Get_SiteInfo();
4   echo $show_html;
5
```

「index.php」此文件會帶入
「module」模組目錄裡的文件
「function.php」。

因為我們把處理資料的事情交給「function.php」。

第一行：帶入「module」模組目錄裡的文件「function.php」

第二行：使用「function.php」裡我們寫的函式「Get_SiteInfo」

第三行：輸出函式「Get_SiteInfo」的內容

```php
index_tpl.php
1    <!DOCTYPE HTML>
2    <html>
3    <head>
4        <meta charset="utf-8">
5        <title>PHP</title>
6    </head>
7
8    <body>
9        <div class="container">
10           <h1><?=$_data['index_title']?></h
11           <p><?=$_data['index_intro']?></p>
12       </div>
13   </body>
14
15   </html>
16
```

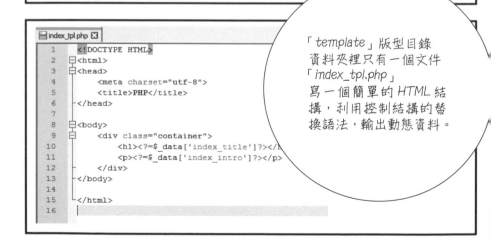

「template」版型目錄
資料夾裡只有一個文件
「index_tpl.php」
寫一個簡單的 HTML 結
構，利用控制結構的替
換語法，輸出動態資料。

> 漫話PHP > 網站資料夾 > module

function.php

「module」模組目錄
資料夾裡只有一個文件
「function.php」。

```php
function.php ⊠

 1    <?php
 2    function rwd_render($_template, $_data){
 3        ob_start();
 4        include $_template;
 5        $result = ob_get_contents();
 6        ob_end_clean();
 7        return $result;
 8    }
 9
10    /* 首頁 */
11    function Set_Index(){
12        $Index_Info = array(
13            'index_title'    => '首頁的標題',
14            'index_intro'    => '首頁的介紹1<br><br>首頁的介紹2',
15        );
16        return $Index_Info;
17    }
18
19    function Get_SiteInfo(){
20        $TempLate_dir = dirname(dirname(__FILE__)).'/template/';
21        $Site_Route = $_SERVER['PHP_SELF'];
22        switch ($Site_Route){
23            case '/index.php':
24                $TempLate_Page = $TempLate_dir.'index_tpl.php';
25                $Content_Data = Set_Index();
26                break;
27        }
28        $Html_Page = rwd_render($TempLate_Page, $Content_Data);
29        return $Html_Page;
30    }
31
```

1. 寫一個函式「rwd_render」，利用 output buffer（輸出緩衝）取得資料送到樣版（Template）裡再輸出。

ob_start()
這個函式把輸出轉到一個內部的緩衝裡

ob_get_contents()
這個函式返回內部緩衝的內容

ob_end_clean()
這個函式結束輸出緩衝，並清除緩衝裡的內容

2. 寫一個函式「Set_Index」，取得首頁的資料（首頁的標題、首頁的介紹）

3. 寫一個函式「Get_SiteInfo」，取得資料與樣版結合後回傳。

「switch ($Site_Route)」是依讀取文件的不同取得對應的資料與樣版，當用戶造訪 http://php.open365.tw，實際是讀取 http://php.open365.tw/index.php

「$TempLate_Page = $TempLate_dir.'index_tpl.php'」
對應的版型是「首頁」版型 index_tpl.php

「$Content_Data = Set_Index()」
對應的資料是「首頁」資料 Set_Index()

【MEMO】

第 6 回
網站設置

接著要講的是——網站設置！
不用著急、不用慌張，
一步一步來就行了。

本案「**欅坂浪漫**」網站設置四步驟

第一步：建立子網域
第二步：選擇程式語言、開發工具及架構
第三步：FTP 上傳網頁
第四步：建立資料庫

第一步：建立子網域

我們申請的主機已經可以開始使用後，我們到主機的 cPanel 控制台，

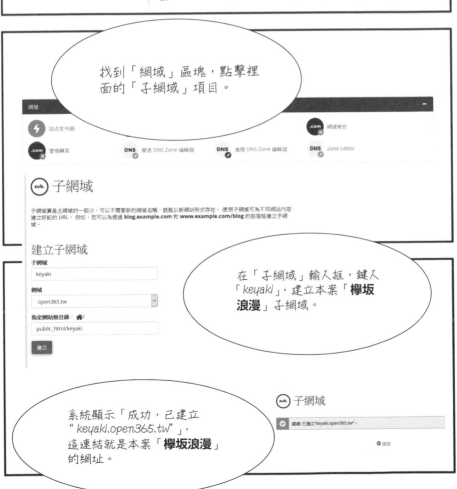

找到「網域」區塊，點擊裡面的「子網域」項目。

子網域

子網域算是主網域的一部分，可以不需要新的網域名稱，就能以新網站形式存在。使用子網域可為不同網站內容建立好記的 URL。例如，您可以為透過 **blog.example.com** 和 **www.example.com/blog** 的部落格建立子網域。

建立子網域

子網域
keyaki

網域
open365.tw

指定網站根目錄： /
public_html/keyaki

建立

在「子網域」輸入框，鍵入「keyaki」，建立本案「**欅坂浪漫**」子網域。

系統顯示「成功，已建立 "keyaki.open365.tw"」，這連結就是本案「**欅坂浪漫**」的網址。

子網域

✓ 成功 已建立 "keyaki.open365.tw"。

返回

我們打開瀏覽器在網址列貼上
「http://keyaki.open365.tw」
看到如下的預設頁面：因為我們
尚未放置首頁文件「index.php」

第二步：選擇程式語言、
開發工具及架構

本案選擇

程式語言為：PHP
開發工具為：Notepad++
開發架構為：PHP 原生樣板引擎

我們下載 Notepad++ 這套免費
文字編輯軟體後，
打開 Notepad++，寫一個簡單
的 HTML 結構，輸出標題跟內
容。

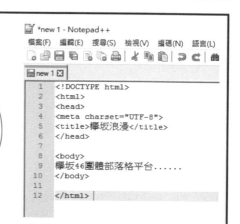

```html
1  <!DOCTYPE html>
2  <html>
3  <head>
4  <meta charset="UTF-8">
5  <title>欅坂浪漫</title>
6  </head>
7
8  <body>
9  欅坂46團體部落格平台......
10 </body>
11
12 </html>
```

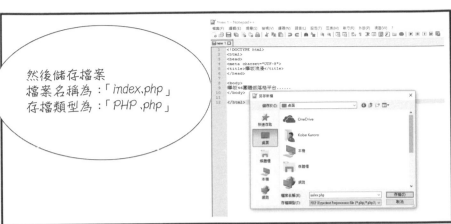

然後儲存檔案
檔案名稱為：「index.php」
存檔類型為：「PHP .php」

第三步：FTP 上傳網頁

我們下載 FileZilla 這套免費的
FTP 傳檔軟體後，
打開 FileZilla，將我們寫好的頁
面「index.php」上傳到主機，

指定目錄就是我們建立
本案 **欅坂浪漫** 子網
域「keyaki」時，同步新
增的目錄資料夾「keyaki」。

上傳後，
再用瀏覽器打開網址：
「*http://keyaki.open365.tw*」
會看到我們剛才寫的頁面。

第四步：建立資料庫

回到主機的 cPanel 控制台頁面，
「資料庫」工具區找尋 MySQL 圖
示並點擊進入。

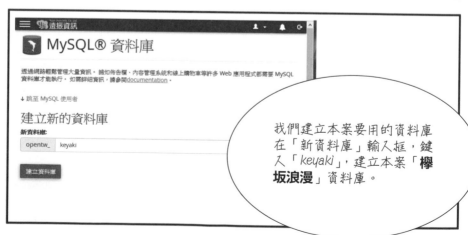

我們建立本案要用的資料庫
在「新資料庫」輸入框，鍵
入「keyaki」，建立本案「**欅
坂浪漫**」資料庫。

MySQL 使用者

新增使用者

使用者名稱

| opentw_ | keyaki |

密碼

•••••••••

密碼 (請再輸入一次)

•••••••••

強度 ❶

非常強 (92/100)   密碼產生器

建立使用者

再來是建立 MySQL 使用者在「新增使用者」輸入框，鍵入「keyaki」，建立本案「**欅坂浪漫**」資料庫使用者。新增成功系統會顯示「您已成功建立名稱為 "opentw_keyaki" 的 MySQL 使用者。」

接著
「新增使用者到資料庫」。

新增使用者到資料庫

使用者

| opentw_keyaki | ∨ |

資料庫

| opentw_keyaki | ∨ |

新增

🐬 MySQL® 資料庫

管理使用者權限

使用者: **opentw_keyaki**
資料庫: **opentw_keyaki**

☑ 所有權限

☑ ALTER	☑ ALTER ROUTINE
☑ CREATE	☑ CREATE ROUTINE
☑ CREATE TEMPORARY TABLES	☑ CREATE VIEW
☑ DELETE	☑ DROP
☑ EVENT	☑ EXECUTE
☑ INDEX	☑ INSERT
☑ LOCK TABLES	☑ REFERENCES
☑ SELECT	☑ SHOW VIEW
☑ TRIGGER	☑ UPDATE

執行變更   重設

最後是設定管理使用者權限

使用者：opentw_keyaki
資料庫：opentw_keyaki

執行變更

本案要用的資料庫建立及設定完成。

【MEMO】

第 7 回
資料儲存

資料庫建立完成後，我們回到 cPanel 控制台，在資料庫工具區，點選 phpMyAdmin。

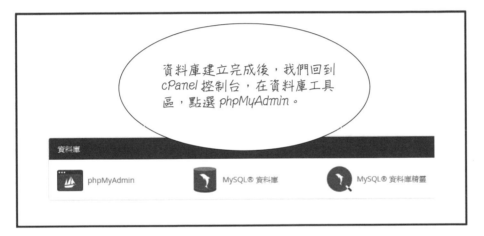

進入 phpMyAdmin 後，點擊進我們上一回建立的資料庫：opentw_keyaki。
操作界面顯示「在資料庫中沒有找到任何資料表」。

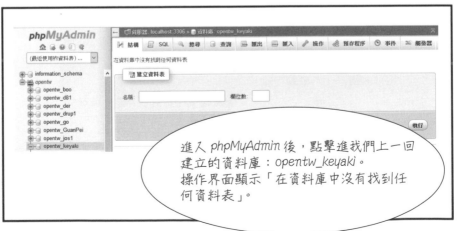

現在我們要為網站
規劃的兩個子系統
建立資料表：

1. 會員系統
2. 文章系統

第一個是會員系統

會員系統可以讓客戶（平台管理者）建立旗下
偶像的資料成為會員。

會員要使用文章系統發文時，必須輸入帳號與
密碼登入網站，登入後可修改自己的會員資料
與文章，另外還有執行登出網站的功能。

建立會員資料表
使用 phpMyAdmin 建立儲存會員資料的資料表「member_table」。
會員資料表「member_table」的欄位規劃如下：

欄位名稱	資料型態	說明
uid	int	會員編號（主索引、自動編號）
username	varchar	會員帳號
password	varchar	登入密碼
file	varchar	會員照片
other	varchar	會員介紹
role	varchar	會員角色

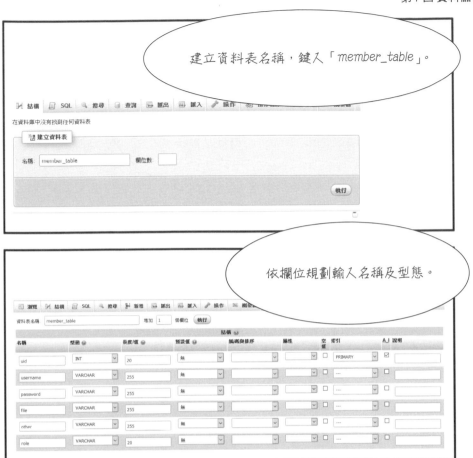

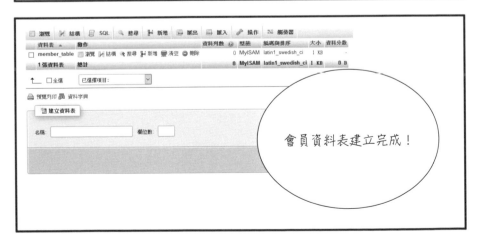

第二個是文章系統

建立文章資料表
使用 phpMyAdmin 建立儲存文章資料的資料表
「thing_table」。
文章資料表「thing_table」的欄位規劃如下：

欄位名稱	資料型態	說明
tid	int	文章編號（主索引、自動編號）
t_name	varchar	文章標題
file	varchar	文章照片
content	varchar	文章內容
uid	int	文章作者（會員編號）

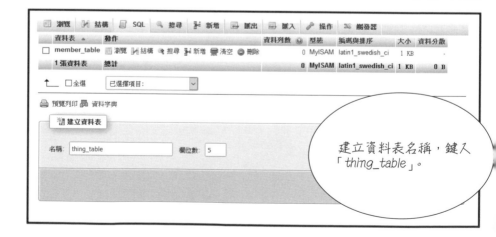

建立資料表名稱，鍵入
「thing_table」。

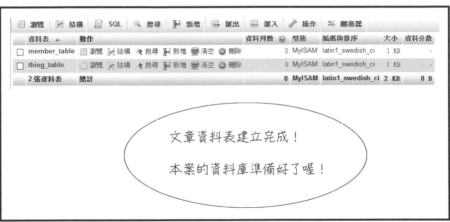

【MEMO】

第 8 回
PHP 入門

PHP（PHP Hypertext Preprocessor）是一種開發網頁的程式語言，其副檔名一般以「*.php」設置。

撰寫 PHP 程式時，可以直接在 HTML 標記文件中加入 PHP 的程式區段：

範例程式

```
<html>
<head>
<title>test</title>
</head>
<body>
現在時間：
<?php
echo date("Y-m-d H:i:s");
?>
<body>
</html>
```

當客戶端瀏覽此網頁時，主機端會將此 PHP 網頁譯成 HTML 文件回應，所以原始碼是受保護的，而且沒有瀏覽器相容性問題。

回應的網頁：

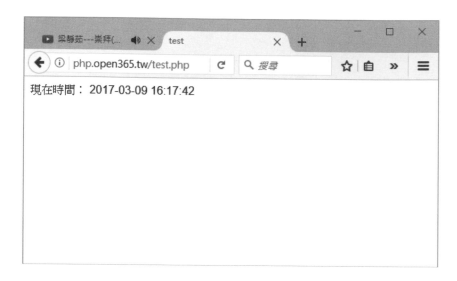

PHP 敘述內註解的寫法：

1. 單行註解

```
// 單行註解文字
# 單行註解文字
```

範例程式

```
<html>
<head>
<title>test</title>
</head>
<body>
<?php
echo ' 單行沒被註解文字 ';
// echo ' 單行被註解文字 ';
# echo ' 單行被註解文字 ';
?>
<body>
</html>
```

回應的網頁：

2. 多行註解

```
/*
多行註解文字
多行註解文字
*/
```

範例程式

```html
<html>
<head>
<title>test</title>
</head>
<body>
<?php
echo ' 多行沒被註解文字 1';
echo ' 多行沒被註解文字 2';
/*
echo ' 多行註解文字 1';
echo ' 多行註解文字 2';
*/
?>
<body>
```

```
</html>
```

回應的網頁：

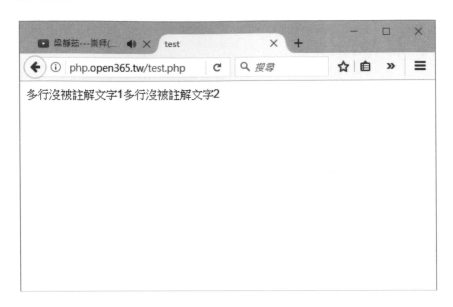

▶ 資料型態

PHP 的資料類型有整數、浮點、字串、陣列、物件。

字串可用單引號或雙引號包住。

如：" **欅坂 46**" 或 ' **欅坂 46**'。

範例程式

```
<html>
<head>
<title>test</title>
</head>
<body>
<?php
$a = " 欅坂 46";
echo " 她們是 $a";
echo "<br />";
echo ' 她們是 $a';
?>
```

```
<body>
</html>
```

回應的網頁：

用雙引號時可插入變數可印出變數內容：印出「她們是 **欅坂 46**」。

但用單引號插入變數則直接印出變數名稱：印出「她們是 $a」。

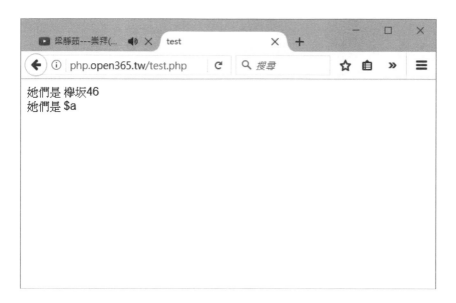

▶ 常數

在 PHP 中定義常數如下

define(" 常數名稱 ", 常數內容);

註：常數區分大小寫。

範例程式

```
<html>
<head>
<title>test</title>
</head>
<body>
<?php
```

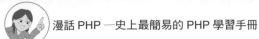

```
define("_gVr_cM_d55I",' 梁靜茹 - 會呼吸的痛 MV');
echo _gVr_cM_d55I;
?>
<body>
</html>
```

回應的網頁：

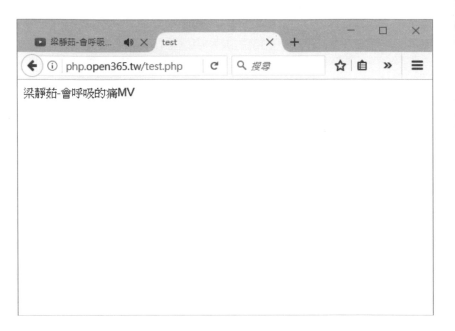

檢查常數有無被定義時用：「defined(" 常數名稱 ")」存在傳回 1，不存
在傳回 0。

PHP 的內建常數

常數	說明
TRUE	真
FALSE	偽（空字串、0、"0"）
__FILE__	正在執行的檔案（會列出真實路徑）
__LINE__	正在執行的之行數
PHP_OS	伺服器端的作業系統

註：true、false 可以小寫英文表示。

▶ 變數

PHP 用 "$" 表示變數，"$" 之後可以接英文、底線或數字。

因為是弱型別程式語言，在 PHP 程式中使用變數時不需要事先宣告，只要指定初始值即可，但需要注意 PHP 的變數有區分大小寫。在程式語言的分類上，有所謂強型別（Strong type）、弱型別（Weak type）語言。

變數的型態

型態	說明	範例
integer	整數	46
double	浮點數	4.6
string	字串	**" 欅坂 46"**
array	陣列	Array(‘小池美波’,‘小林由依’,‘上村莉菜’)
object	物件	
class	類別	

PHP 可用 gettype (var); 取得變數型態，未知型態傳回 "unknown type"。

變數的宣告

方法	範例
直接指定	$a=46; b=" 小林由依 ";

動態變數	$a="b";
	$b=" 段子手 , 小林由依 ";
	echo $$a; // 輸出 " 段子手 , 小林由依 "
	echo "$$a"; // 輸出 $b

變數的範圍

變數	範圍
自訂函數內	區域變數
自訂函數外	全域變數
global $a, $b;	全域變數
$GLOBALS["a"]	全域變數
static $a=0;	靜態變數 • 函數結束後，值不會歸零 • 只能在自定函數中使用

型態的轉換

不必事先定義，運算時會自動轉換。

或可指定型態：(型態) $ 變數，中間可以有空白或 Tab。

型態	意義
(int) or (integer)	整數
(real) or (double) or (float)	浮點數
(string)	字串
(array)	陣列
(object)	物件

全域變數：

定義全域變數可在程式的任何位置使用。

語法：

宣告：global $ 變數名稱

取用：$GLOBALS[" 變數名稱 "]

例如：

```
global $name; $name = " 秋元康 ";
echo $GLOBALS["name"];
```

範例程式

```
<html>
<head>
<title>test</title>
</head>
<body>
<?php
global $name;
$name = ' 秋元康 ';
echo $GLOBALS["name"];
?>
<body>
</html>
```

回應的網頁：

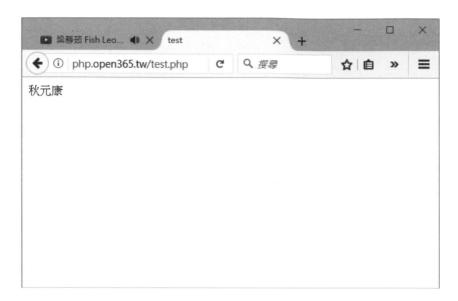

環境變數

我們可以列出所有環境變數

範例程式

```
<html>
<head>
<title>test</title>
</head>
<body>
<?php
phpinfo();
?>
<body>
</html>
```

回應的網頁：

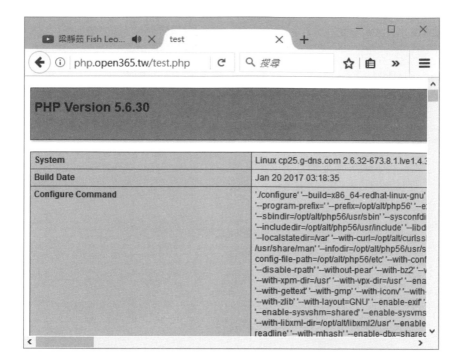

PHP 的變數

變數名稱	用途
$PHP_SELF	正在執行檔案的 URL
$PATH_TRANSLATED	正在執行檔案的實際路徑

Apache 的環境變數

變數名稱	用途
$DOCUMENT_ROOT	網站實際路徑
$HTTP_HOST	虛擬主機名稱
$SERVER_ADDR	主機 IP
$REMOTE_ADDR	客戶 IP
$SCRIPT_NAME	執行的 Script 的虛擬路徑（URL）

變數名稱	用途
$HTTP_REFERER	前一個網頁的 URL
$SCRIPT_FILENAME	執行的 Script 的實際路徑
$REMOTE_USER	經 .htaccess 驗證的使用者
$PHP_AUTH_USER	經 PHP 檔頭驗證者的帳號
$PHP_AUTH_PW	經 PHP 檔頭驗證者的密碼

▶ 算符

PHP 的運算符號有下列幾種：

算數運算子（用於數學計算）

連接運算子（用於連接字串）

指定運算子（用於指定變數內容）

比較運算子（用於條件式）

邏輯運算子（用於連接條件式）

條件運算子（用於條件式）

抑制錯誤運算子（取消錯誤訊息）

算數運算子（用於數學計算）

符號	意義	例
*	乘	
/	除	
%	餘除	
+	加	$a=$a+1
-	剪	$a=$a-1
++	遞增	$a++, ++$a
--	遞減	$a--, --$a
-	負數	$a=-$b

連接運算子（用於連接字串）

符號	意義	例
.	連接	'abc' . 123

指定運算子（用於指定變數內容）.

符號	例	意義
=	$a=5;$a=$b=5 ;$a=($b=5);	將右方運算結果指定給左方；運算原則由右至左
+=	$a+=5;	$a = $a+5;
-=	$a-=5;	$a = $a-5;
*=	$a*=5;	$a = $a*5;
/=	$a/=5;	$a = $a/5;
%=	$a%=5;	$a = $a%5;

比較運算子（用於條件式）

符號	意義	符號	意義
==	相等	!= 或 <>	不等
>=	大於等於	<=	小於等於
>	大於	<	小於

邏輯運算子（用於連接條件式）

符號	意義	例
and	AND	
&&	AND	
or	OR	
||	OR	
!	NOT	
xor	XOR（互斥）	

條件運算子（用於條件式）

符號	意義	例
條件式 ? true 敘述 : false 敘述	功能同判斷式	$a==0 ? "zero" : "not zero"

抑制錯誤運算子（取消錯誤訊息）

符號	意義	例
@ 敘述	取消錯誤訊息	@print (46/0); print @(46/0);

▶ 流程控制

1. 判斷式

　　單行敘述

```
if ( 條件式 ) 敘述 ;
```

　　多行敘述

```
if ( 條件式 ) {
    敘述 ;
    敘述 ;
...
}
```

　　或寫成

```
if ( 條件式 ) :
    敘述 ;
    敘述 ;
    ...
endif;
```

　　加上 else 反向

```
if ( 條件式 ) {
    敘述 ;
    敘述 ;
    ...
} else {
    敘述 ;
```

```
   敘述;
   ...
}
```

或寫成

```
if ( 條件式 ) :
   敘述;
   敘述;
   ...
else :
   敘述;
   敘述;
   ...
endif;
```

多條件（可以有多個 else if）

```
if ( 條件式 ) {
   敘述;
   敘述;
   ...
} else if ( 條件式 ){
   敘述;
   敘述;
   ...
} else {
   敘述;
   敘述;
   ...
}
```

或寫成

```
if ( 條件式 ) :
   敘述;
   敘述;
   ...
else if ( 條件式 ) :
敘述;
   敘述;
   ...
else :
   敘述;
```

```
    敘述;
    ...
  endif;
```

2. switch 判斷式（用於單一變數或單一運算式）

```
  switch ( 變數或運算式 ) {
    case 值 1:
      敘述;
      ...;
      break;
    case 值 2:
      敘述;
      ...;
      break;
    ...
    default:
      敘述;
      ...;
  }
```

或寫成

```
  switch ( 變數或運算式 ):
    case 值 1:
      敘述;
      ...;
      break;
    case 值 2:
      敘述;
      ...;
      break;
    ...
    default:
      敘述;
      ...;
  endswitch;
```

註：值 1、值 2、值 3 …，可用變數代替。

▶ 迴圈

使用迴圈的時候，要注意是已知次數，或是未知次數。

for（已知次數的迴圈）

```
for ( 起始變數 ; 執行條件 ; 累計運算 ) {
敘述 ;
...
}
```

while（未知次數的迴圈 ）

先判斷

```
while ( 條件式 ) {
敘述 ;
...
}
```

或寫成

```
while ( 條件式 ) :
敘述 ;
...
endwhile;
```

先執行

```
do {
敘述 ;
...
} while ( 條件式 );
```

跳出迴圈

```
break;
```

略過以下敘述

```
continue;
```

▶ 離開 PHP

想要離開 PHP 網頁時可用 exit 。

例：

```
if (!$a) exit;
```

▶ 陣列

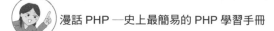

陣列是變數的集合，陣列中的每一個元素各有自己的值，用索引可參照到陣列中的元素。PHP 中的陣列索引由 0 開始。陣列中的元素可包含不同的資料類型。

指定陣列元素：

可用 array 指定，或用索引指定

例如

方法	範例
索引陣列（由 0 起算）	$member =array(" 渡邊理佐 "," 渡邊梨加 "," 上村莉菜 ");
索引陣列	$member[0]=" 渡邊理佐 "; $member[1]=" 渡邊梨加 "; $member[2]=" 上村莉菜 ";

自動增加索引陣列：

如果不指定索引時，會自動找尋最小的索引加 1

例如：

方法	範例
不指定索引之陣列	$member[]=" 渡邊理佐 "; $member[]=" 渡邊梨加 "; $member[]=" 上村莉菜 ";

名稱索引：

也可使用名稱索引，方便陣列元素的存取

方法	範例
名稱索引陣列	$member =array("risa"=>" 渡邊理佐 ","rika"=>" 渡邊梨加 ","rina"=>" 上村莉菜 ");

方法	範例
或	$member["risa"]=" 渡邊理佐 "; $member["rika"]=" 渡邊梨加 "; $member["rina"]=" 上村莉菜 ";

Cookie 和 Session

網頁中的變數在網頁結束之後也隨之結束，如果有需要將變數保留讓其他網頁使用時，我們可以使用 Cookie 和 Session。

Cookie

Cookie 是將變數保留在客戶端，也就是瀏覽器裡的 Cookie 檔案內。例如：記住使用者的造訪次數，可以讓使用者按重新整理鈕時，計數器不會累加；或是記住使用者的帳號，讓使用者下次進入網站時，不必再輸入帳號等應用。

使用 Cookie 時，注意不要儲存重要資訊

Cookie 的儲存方式是以純文字的方式儲存，使用者以記事本等工具可輕易開啟看到內容，若是將密碼儲存在 Cookie 中將會非常的不安全。

容量的限制：

每一網域 Cookie 數：20

每一瀏覽器 Cookie 數：300

最大 Cookie 量：4KB

▶ 送出 Cookie：

Cookie 屬於檔頭資訊的一種，送出 Cookie 之前不能輸出網頁內容。

```
setcookie(" 名稱 "," 值 ", 日期 ," 路徑 "," 網域 ", 安全 );
```

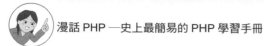

名稱：為 Cookie 的名稱

值：Cookie 的值

日期：在這時間之前有效

如果未設定時間，則關閉瀏覽器時 Cookie 消失

路徑：在此路徑下有效

網域：在此網域有效

安全：值為 1 時必須以 https 才能傳送

例如：

```
setcookie("user", "Peter", time()+3600, "/member");
// 設定 cookie 的有效路徑為 /member
// 有效期為一小時
```

▶ 取回 Cookie：

取回 Cookie 的方式同取回 Get 或 Post 變數內容：

```
$Cookie 名稱
```

▶ 刪除 Cookie：

將時間設為現在之前可刪除 Cookies

```
setcookie("user", "", time()-3600*24);
// 刪除名稱為 user 的 cookie
```

▶ 注意事項：

未設定路徑時，表示是目前所在路徑。

不同路徑下的相同名稱的 Cookie，各自獨立存在。

上層路徑有設定 Cookie 時，以上層為優先。

Session

Session 是將變數儲存於主機端，相較於 Cookie 是比較安全的做。預設 Session 儲存路徑於 /tmp 底下，此目錄必須實際存在。

▶ 產生 Session 變數：

```
session_start();
$users = "46";
session_register("users");
```

▶ 讀取 Session 變數：

```
session_start();
echo $user;
```

▶ 刪除 Session 變數：

```
session_start();
session_unregister(" 名稱 ")
```

▶ 刪除所有的 Session：

```
session_start();
session_destroy();
```

▶ Session 的生存期限：

關閉瀏覽器後，Session 即消失

▶ 超過 lifetime，需修改 php.ini 內容：

```
session.cookie_lifetime = 60;
表示有限期限為 60 秒
```

函數

PHP 有著豐富的內建函數，從系統日期的取得，到各種資料庫的連結介面一應據全，使用者只要使用 PHP 的函數就可解決大部分的運算。除內建函數外，開發人員也可自訂函數處理。

緩衝控制函數

緩衝區函數對於自由控制腳本（PHP Script）中資料的輸出非常地有用，特別是對於樣板技術應用。一般若是輸出檔頭的動作必須寫在網頁最前面，但這樣往往會影響我們的程式流程，配合緩衝區函數的設計可以不用把輸出檔頭的動作放在最前面，如此就不必改變我們的程式流程。

- ▶ ob_start()

  開啟輸出緩衝區功能

- ▶ ob_end_flush()

  輸出緩衝區內容且關閉緩衝區功能

- ▶ ob_end_clean ()

  清除緩衝區內容且關閉緩衝區功能

- ▶ ob_get_contents

  傳回緩衝區內容，無內容時傳回 False

- ▶ ob_get_length ()

  傳回緩衝區內容長度，無內容時傳回 False

自定函數

自定函數可節省重複的程式，如此有利於將程式模組化，節省開發的時間。故目的為：減少重複的程式碼及將程式分成小塊（化整為零）。

特別注意的是，函數必須在被呼叫前載入，所以在腳本（PHP Script）中，必須放在最前面。

- ▶ 定義自定函數：

```
function 函數名稱 ( 傳入參數 a, 傳入參數 b, ...) {
敘述 ;
...
return 傳回值 ;
}
```

- ▶ 呼叫自訂函數：

```
函數名稱 ()
```

  直接以函數名稱呼叫，不可省略左右括號 "()"。有傳回值時，可指定給一變數。

- ▶ 輸入參數：

參數可以是任何型態，也可以是陣列。

例如：

```
$a = array(1,2,3);

function test($ary) {
return $ary[0]+$ary[1]+$ary[2];
}

echo test($a);
```

▶ 有預設值的函數：

參數可以有預設值，但必須將有預設值的參數放在右邊，則省略傳入參數時，會用預設值替代。

例如：. 底下函數可計算某一數字的 n 次方

```
function NumTimes($num, $times=2) {
$backnum=1;
for ($i=1;$i<=$times;$i++) {
$backnum = $backnum*$num;
}
return $backnum;
}
```

▶ 傳回值：

可以傳回一個以上的值

例如：

```
function keyaki() {
...
return array(1,2,3);
}
```

▶ 傳值 (by value)：

輸入參數預設是傳值。

▶ 傳址 (by reference)：

指定為傳址的方法，定義函數時，在參數前面加 "&"：

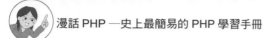

```
function functionname(&$ 參數 a, &$ 參數 b, ...)
```

▶ 呼叫函數時，強迫傳址：

```
functionname (&$ 參數 a, &$ 參數 b, ...)
```

包含外部檔案

想要包含（合併）一個外部檔案時，可用 require、或 include

▶ require：

```
require (" 檔案名稱 ")
```

　　會把整個檔案放到 require 這一行。

　　如果需要用判斷式選擇，必須用 include。

　　例如：

```
require ("config.ini");
```

▶ include：

　　include (" 檔案名稱 ")，和 require 功能相同；

　　include 只有在被執行時才含進來。

　　例如：

```
if ($condition == 1) {
include ("file_a.php");
} else {
include ("file_b.php");
}
```

※ 註：根據 PHP 手冊上的說明，用 require 的效率較 include 好

用 PHP 存取資料

PHP 可以存取各種 SQL Server，如：MySQL、MS SQL、Oracle、… 等都能夠存取。

下面我們學習如何使用存取文字檔，以及 MySQL 的資料。

1. 文字檔

文字檔的存取動作如下：

只讀取檔案內容時：

```
$file = " 我們要存取的檔案路徑 ";
// 可以用相對路徑

// 讀取檔案內容，下列程式會將檔案讀入陣列變數中
$lines = file($file);

// 對內容陣列的處理
...
```

需要寫入檔案時：

```
// 開啟檔案，"r" －唯讀、"w" －覆寫、"a" －加在最後
// 開啟檔案後設定一變數為存取目標
$fp = fopen($file,"w");

// 寫入資料
fputs($fp, $data);

// 關閉檔案
fclose($fp);
```

2. MySQL 資料庫

存取 MySQL 資料的方法如下：

```
<?php
// 建立與 MySQL 的連線，也可以使用 mysql_pconnect()
// 此處的用戶帳號是指 MySQL 用戶帳號，與 Linux 的帳號無關
$ 存取目標 = mysql_connect(" 主機名稱或 IP", " 用戶帳號 ", " 用戶密碼 ");

// 選擇資料庫
mysql_select_db(" 資料庫名稱 ", $ 存取目標 );

// 送出 Query
$ 結果 = mysql_query("SQL 敘述 ", $ 存取目標 );

// 取出欄位內容
```

```
$ 欄位值陣列 = mysql_fetch_array($ 結果 );

/* 可用迴圈
while ($ 欄位值陣列 = mysql_fetch_row($ 結果 ); ) {
對欄位的處理
}
*/

// 關閉連線（或 Script 結束時會自行關閉），用 mysql_pconnect 不須
   下列敘述
mysql_close($ 存取目標 )
?>
```

SQL 資料操作語法可用來查詢或維護資料表：

1. 查詢

Select 欄位 From 資料表 [Where 條件式] [Order By 欄位 [Desc]] [Limit 開始位置 , 顯示筆數]

例如：

```
Select * From member Where sex=' 女 '
```

要選取所有的欄位可用 "*"

Order By 預設以 ASC 昇冪排序，加 Desc 可以降冪排序

要取出前 N 筆記錄時，可用 Limit StartN, N

為欄位取別名時，可用 Select 欄位 As 別名 ，當別名含有空白字元或為中文時用單引號包住，處理多組欄位時使用 "," 隔開

- ▶ ex. 選取多個欄位

  Select 欄位 1, 欄位 2, 欄位 3, …

- ▶ ex. 多欄排序

  … Order By 欄位 1, 欄位 2, …

- ▶ ex. 多個有別名的欄位

Select 欄位 1 As 別名 1, 欄位 2 As 別名 2, 欄位 3 As 別名

2. 新增：

Insert Into 資料表 (欄位 1, 欄位 2, ...) Values (欄位值 1, 欄位值 2,...)

例如：

Insert Into member (mid, name) Values ('46', ' 不知名 ')

3. 修改：

Update 資料表 Set 指定運算式 Where 條件式

例如：

Update member Set name='Peter'

4. 刪除：

Delete From 資料表 Where 條件式

註：省去 Where 時，會清除該資料表所有記錄

例如：

Delete From member Where sex=' 女 '

其中條件式的寫法 (Where)

部份字元的比對，用 Like 關鍵字，

例如：

Where address Like ' 台北 %'

相反條件用 Not Like

兩者之間，用 Between … And …

例如：

Where age Between 25 And 30

逐一條件值：

欄位名稱 In (值 1, 值 2, …)

相反條件用 Not In …

And —而且

Or —或是

Not —相反

此外 SQL 的資料定義語法可用來設計資料表或變更欄位結構：

1. 建立資料表

```
Create Table 資料表名稱 {

 欄位名稱 1 欄位定義 1,

 欄位名稱 2 欄位定義 2,

欄位名稱 3 欄位定義 3,
 …
};
```

2. 刪除資料表

```
Drop Table 資料表 [, 資料表 2, …]
```

3. 重整資料表 Optimize Table 資料表：

▶ 新增欄位：

ALTER TABLE 資料表 ADD 欄位名稱 欄位定義
例如：

```
ALTER TABLE member ADD fd46 TINYINT
```

▶ 修改欄位：

ALTER TABLE 資料表 CHANGE 舊欄位名稱 新欄位名稱 欄位定義

例如：

ALTER TABLE member CHANGE fd48 fd46 CHAR (255)

▶ 刪除欄位：

ALTER TABLE 資料表 DROP 欄位名稱

例如：

ALTER TABLE member DROP fd48

【MEMO】

第 9 回
程式開發

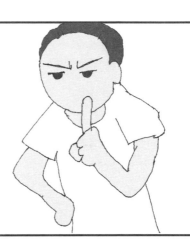

現在開始本案「**欅坂浪漫**」
的程式開發。
首先是目錄結構規劃。

一個 PHP 網站的組成，以使用 PHP 原生樣板引擎的本案來說，
會有以下幾種檔案：

1. PHP 程式檔案
2. HTML 樣版檔案
3. 圖片檔案
4. CSS 檔案
5. JavaScript 檔案

我們透過建立資料夾目錄的方式，將各個檔案安排分類。

以下就是對本案目錄結構的安排規劃:

> 漫話PHP > keyaki

module

source

template

upload

index

「module」資料夾:
程式設計師開發的 PHP 程式檔案放置處。

「source」資料夾:
架設網站要用到的圖片檔案、CSS 檔案、JavaScript 檔案等。

「template」資料夾:
美術設計師製作的 HTML 樣版檔案放置處。

「upload」資料夾:
會員上傳個人資料及文章圖片儲存的位置。

e > 漫話PHP > keyaki > module

mysql_connect
PHP 檔案
574 個位元組

我們在上一回建立了本案的資料庫「opentw_keyaki」,現在我們要連接資料庫。

在「module」資料夾裡,建立 PHP 檔案「mysql_connect.php」連接資料庫。

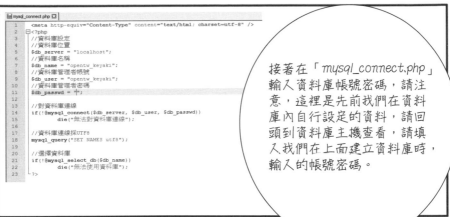

```
mysql_connect.php
1    <meta http-equiv="Content-Type" content="text/html; charset=utf-8" />
2    <?php
3    //資料庫設定
4    //資料庫位置
5    $db_server = "localhost";
6    //資料庫名稱
7    $db_name = "opentw_keyaki";
8    //資料庫管理者帳號
9    $db_user = "opentw_keyaki";
10   //資料庫管理者密碼
11   $db_passwd = "";
12
13   //對資料庫連線
14   if(!@mysql_connect($db_server, $db_user, $db_passwd))
15        die("無法對資料庫連線");
16
17   //資料庫連線採UTF8
18   mysql_query("SET NAMES utf8");
19
20   //選擇資料庫
21   if(!@mysql_select_db($db_name))
22        die("無法使用資料庫");
23   ?>
```

接著在「mysql_connect.php」輸入資料庫帳號密碼,請注意,這裡是先前我們在資料庫內自行設定的資料,請回頭到資料庫主機查看,請填入我們在上面建立資料庫時,輸入的帳號密碼。

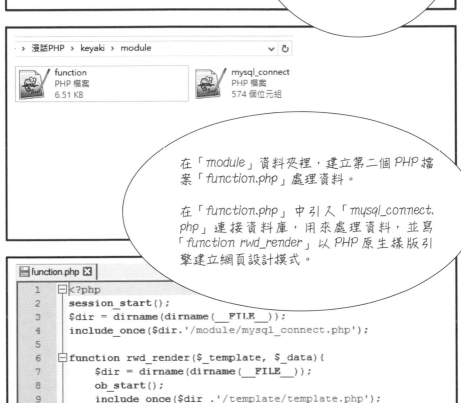

> 漫話PHP > keyaki > module

function
PHP 檔案
6.51 KB

mysql_connect
PHP 檔案
574 個位元組

在「module」資料夾裡,建立第二個PHP檔案「function.php」處理資料。

在「function.php」中引入「mysql_connect.php」連接資料庫,用來處理資料,並寫「function rwd_render」以PHP原生樣版引擎建立網頁設計模式。

```
function.php
1    <?php
2    session_start();
3    $dir = dirname(dirname(__FILE__));
4    include_once($dir.'/module/mysql_connect.php');
5
6    function rwd_render($_template, $_data){
7        $dir = dirname(dirname(__FILE__));
8        ob_start();
9        include_once($dir .'/template/template.php');
10       $result = ob_get_contents();
11       ob_end_clean();
12       return $result;
13   }
```

```
198  ┌function Get_SiteInfo(){
199
200        $TempLate_dir = dirname(dirname(__FILE__)).'/template/';
201        $phps = $_SERVER['PHP_SELF'];
202
203  ┌    switch ($phps){
204            case '/index.php':
205                $TempLate_Page = $TempLate_dir. 'index_tpl.php';
206                $Content_Data = set_index();
207                break;
208
209  └    }
210
211        $Html_Page = rwd_render($TempLate_Page, $Content_Data);
212        return $Html_Page;
213  └}
214
```

接在「function rwd_render」之後加上「function Get_SiteInfo」,此 function 會依瀏覽頁面的不同,套用相對應的資料與版型,輸出網頁內容。

e > 漫話PHP > keyaki > template

 template
PHP 檔案
3.35 KB

在「template」資料夾裡,建立版型檔案「template.php」作為網站共用的主版。「template.php」即是美術設計師製作的版型主版(頁首、頁尾)。

```
template.php
1   <!DOCTYPE html>
2   ┌<html lang="zh">
3   ┌<head>
4     <meta charset="utf-8">
5     <title>欅版浪漫!欅板46。團體部落格平台</title>
6     <meta name="viewport" content="width=device-width, user-scalable=no, initial-scale=1, ...
7   └</head>
8   ┌<body class="nice">
9   ┌<header>
10  ┌   <div class="header-wrp-02 Navigation">
11  ┌      <ul>
12         <li><a href="/" class="link link-animeline01 animsition-link"><sg...
13         <?php if(isset($_SESSION['uid'])): ?>
14            <li><a href="/member_center.php" class="link link-animelin...
15            <?php if($_SESSION['role']=='1'): ?>
16               <li><a href="/member_list_bk.php" class="link link-a...
17            <?php endif; ?>
18            <li><a href="/logout.php" class="link link-animeline01 ...
19         <?php else: ?>
20            <li><a href="/login.php" class="link link-animeline01 ...
21         <?php endif; ?>
22         </ul>
23      </div>
24  ┌   <div class="copyright">
25      <div class="logo"><img src="/source/Keyakizaka46_logo.png"></div>
26      <div class="copy"><copy;欅版浪漫<br>欅板46。團體部落格平台</d...
27      </div>
28  └   </header>
29  ┌   <div class="container">
30         <?php include_once $_template;?>
31  └   </div>
32  └</body>
33  └</html>
```

其中的「<?php include_once $_template;?>」是依讀取不同的頁面顯示對應的子版。例如,瀏覽到首頁(index.php)則顯示首頁子版(index_tpl.php)。

到此，目錄結構準備好了，下面我們要開始寫網頁了。

前面（第 2 回 功能規劃）為網站規劃的 18 個頁面，現在我們要寫程式把頁面製作出來。

	功能	網頁	說明
1	首頁	index.php	網站的入口
2	文章列表頁	herblog.php	顯示個別偶像文章列表
3	內容詳細頁	thing.php	顯示文章詳細內容的頁面
4	登入	login.php	輸入帳號、密碼的網頁
5	登入連接	connect.php	1. 登入成功訊息提示、轉向會員中心 2. 登入失敗輸入錯誤帳號或密碼時顯示的說明訊息
6	登出	logout.php	會員登出頁面
7	會員中心	member.php	檢視會員資料及文章
8	會員列表	member_list_bk.php	列出旗下所有會員
9	新增會員	add_member.php	新增會員資料填寫頁面
10	新增會員儲存	add_member_save.php	儲存新增會員資料的網頁
11	修改會員資料	update_member.php	修改會員資料填寫頁面
12	修改會員資料儲存	update_member_save.php	儲存修改會員資料的頁面
13	刪除會員	delete_member.php	刪除會員資料的頁面
14	新增文章	add_thing.php	新增文章的資料填寫頁面
15	新增文章儲存	add_thing_save.php	儲存新增文章的頁面
16	修改文章	update_thing.php	修改文章的資料填寫頁面
17	修改文章資料儲存	update_thing_save.php	儲存修改文章的頁面
18	刪除文章	delete_thing.php	刪除文章的頁面

網頁 1：首頁

步驟如下：

(1) 建立檔案「index.php」

(2) 打開「module」目錄下的「function.php」，建立「function set_index」並在「function Get_SiteInfo」的「switch ($phps)」下增加「case '/index.php'」

(3) 在「template」目錄下建立版型檔案「index_tpl.php」

1. 建立檔案「index.php」

位置：/index.php

打開檔案，輸入三行 PHP 程式碼（所有需要套用版型的頁面，程式碼完全相同）：

```php
index.php ⊠
1   <?php
2
3       include_once dirname( __FILE__ ).'/module/function.php';
4
5       $show_html = Get_SiteInfo();
6
7       echo $show_html;
8
9
```

2. 打開「module」目錄下的「function.php」

位置：/module/function.php

建立「function set_index」，輸入：

```
/* 首頁 */
function set_index(){
  $sql = "SELECT * FROM member_table where role='2' order by uid
DESC ";
  $result = mysql_query($sql);
  $i = 0;
  while($row = mysql_fetch_array($result)){
    $index_data[$i] = array(    'uid'        =>  $row['uid'],
                                'image'      =>  '/upload/' .$row['file'],
                                'username'   =>  $row['username'] );
    $i++;
  }
  return $index_data;
}
```

```
32      /* 首頁 */
33    ┌ function set_index(){
34          $sql = "SELECT * FROM member_table where role='2' order by uid DESC ";
35          $result = mysql_query($sql);
36          $i = 0;
37    ┌     while($row = mysql_fetch_array($result)){
38              $index_data[$i] = array(    'uid'        =>  $row['uid'],
39                                          'image'      =>  '/upload/' .$row['file'],
40                                          'username'   =>  $row['username'] );
41              $i++;
42    └     }
43          return $index_data;
44    └ }
```

在「function Get_SiteInfo」的「switch ($phps)」下增加「case '/index.
php'」，並輸入對應的版型（index_tpl）及內容（set_index）：

```
198   ┌ function Get_SiteInfo(){
199
200         $TempLate_dir = dirname(dirname(__FILE__)).'/template/';
201         $phps = $_SERVER['PHP_SELF'];
202
203   ┌     switch ($phps){
204             case '/index.php':
205                 $TempLate_Page = $TempLate_dir. 'index_tpl.php';
206                 $Content_Data = set_index();
207                 break;
```

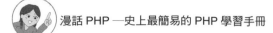

3. 在「template」目錄下建立版型檔案「index_tpl.php」

位置：/template/index_tpl.php

打開檔案，輸入：

```
<!--contents -->
<div id="contents">
  <div class="row thumbnail thumbnail-hide box-animeline01">
  <?php foreach($_data as $in_member):?>
  <div class="row-col">
    <a class="animsition-link" href="/herblog.php?mid=
    <?php echo $in_member['uid']; ?>">
      <div class="thum-box"><img src="<?php echo $in_member
      ['image']; ?>"></div>
      <div class="thum-caption"><?php echo $in_member['username'];
      ?></div>
    </a>
  </div>
  <?php endforeach; ?>
  </div>
</div>
<!--contents -->
```

```
1    <!--contents -->
2  ⊟<div id="contents">
3  白    <div class="row thumbnail thumbnail-hide box-animeline01">
4        <?php foreach($_data as $in_member):?>
5  白     <div class="row-col">
6  白       <a class="animsition-link" href="/herblog.php?mid=<?php echo $in_member['uid']; ?>">
7             <div class="thum-box"><img src="<?php echo $in_member['image']; ?>"></div>
8             <div class="thum-caption"><?php echo $in_member['username']; ?></div>
9           </a>
10        </div>
11        <?php endforeach; ?>
12      </div>
13   └</div>
14    <!--contents -->
```

網頁 2：文章列表頁

步驟如下：

1. 建立檔案「herblog.php」

位置：/herblog.php

打開檔案，輸入三行 PHP 程式碼（所有需要套用版型的頁面，程式碼完全相同）：

```php
<?php

include_once dirname( __FILE__ ).'/module/function.php';

$show_html = Get_SiteInfo();

echo $show_html;
```

2. 打開「module」目錄下的「function.php」

位置：/module/function.php

建立「function set_herblog」，輸入：

```php
/* 她的部落格 */
function set_herblog(){
   if($_GET['mid']){
     $mid = $_GET['mid'];
     $sql = "SELECT * FROM member_table where uid=" .$mid ." order
     by uid DESC LIMIT 1";
     $row = mysql_fetch_array(mysql_query($sql));

     $thing_data['m']['uid'] = $row['uid'];
     $thing_data['m']['username'] = $row['username'];
     $thing_data['m']['image'] = $row['file'];
     $thing_data['m']['other'] = str_replace("\n","<br />",$row['other']);

     $tsql = "SELECT * FROM thing_table where uid=" .$mid ." order by
     tid DESC";
     $tresult = mysql_query($tsql);
     if($tresult){
        $i=0;
        while($trow = mysql_fetch_array($tresult)){
          $i++;
          $thing_data['t'][$i] = array(   'i'       =>   $i,
                             'image'     =>   '/upload/' .$trow['file'],
                             't_name'    =>   $trow['t_name'],
```

漫話 PHP —史上最簡易的 PHP 學習手冊

```
                            'tid'        =>    $trow['tid']
                    );
            }
        $thing_data['c'] = $i;
        }
    }
    return $thing_data;
}
```

```
90     /* 她的部落格 */
91  function set_herblog(){
92      if($_GET['mid']){
93          $mid = $_GET['mid'];
94          $sql = "SELECT * FROM member_table where uid=" .$mid ." order by uid DESC LIMIT 1";
95          $row = mysql_fetch_array(mysql_query($sql));
96
97          $thing_data['m']['uid'] = $row['uid'];
98          $thing_data['m']['username'] = $row['username'];
99          $thing_data['m']['image'] = $row['file'];
100         $thing_data['m']['other'] = str_replace("\n","<br />",$row['other']);
101
102         $tsql = "SELECT * FROM thing_table where uid=" .$mid ." order by tid DESC";
103         $tresult = mysql_query($tsql);
104         if($tresult){
105             $i=0;
106             while($trow = mysql_fetch_array($tresult)){
107                 $i++;
108                 $thing_data['t'][$i] = array(   'i'        =>  $i,
109                                                 'image'    =>  '/upload/' .$trow['file'],
110                                                 't_name'   =>  $trow['t_name'],
111                                                 'tid'      =>  $trow['tid']
112                                             );
113             }
114             $thing_data['c'] = $i;
115         }
116     }
117     return $thing_data;
118  }
```

在「function Get_SiteInfo」的「switch ($phps)」下增加「case '/herblog.
php '」，並輸入對應的版型（herblog_tpl）及內容（set_herblog）：

```
198  function Get_SiteInfo(){
199
200      $TempLate_dir = dirname(dirname(__FILE__)).'/template/';
201      $phps = $_SERVER['PHP_SELF'];
202
203      switch ($phps){
204          case '/index.php':
205              $TempLate_Page = $TempLate_dir. 'index_tpl.php';
206              $Content_Data = set_index();
207              break;
208          case '/herblog.php':
209              $TempLate_Page = $TempLate_dir. 'herblog_tpl.php';
210              $Content_Data = set_herblog();
211              break;
```

102

3. 在「template」目錄下建立版型檔案「herblog_tpl.php」

位置：/template/herblog_tpl.php

打開檔案，輸入：

```
<!--contents -->
<div id="contents">
  <section>
  <div class="row bg-shadow contents-wrp-01">
   <div class="row-col2 row-col-floatNone bg-shadow-right">
    <div class="container">
     <div class="wrp01">
      <h2 class=" heading1"><?php echo $_data['m']['username']; ?>
      </h2>
      <div class="p2 borderLeft"><span></span>??46</div>
     </div>
     <div class="wrp02">
      <div class="p1"><?php echo $_data['m']['other']; ?></div>
     </div>
    </div>
   </div>
   <div class="row-col2 row-col-floatNone">
    <div class="row thumbnail">
     <div class="row-col1">
      <div class="flexslider">
       <ul class="slides">
        <img src="/upload/<?php echo $_data['m']['image']; ?>" >
       </ul>
      </div>
     </div>
    </div>
   </div>
  </div>
  </section>
  <section>
  <div class="row thumbnail thumbnail-hide box-animeline01">
  <?php if($_data['c'] > 0): ?>
     <?php foreach($_data['t'] as $in_thing):?>
     <div class="row-col">
      <a class="animsition-link" href="/thing.php?tid=<?php echo $in_
      thing['tid']; ?>">
```

```
        <div class="thum-box">
          <img width="350" height="350" src="<?php echo $in_
      thing['image']; ?>" class="attachment-post-thumbnail size-post-
      thumbnail wp-post-image" />
        </div>
        <div class="thum-caption"><?php echo $in_thing['t_name']; ?>
        </div>
        </a>
    </div>
    <?php endforeach; ?>
  <?php else: ?>
    <tr>
    <td><h4>... 她尚未新增文章 ...<h4></td>
    </tr>
  <?php endif; ?>
  </div>
  </section>
</div>
<!--contents -->
```

```
herblog_tpl.php
1    <!--contents -->
2  ☐<div id="contents">
3  ┤   <section>
4  ┤   <div class="row bg-shadow contents-wrp-01">
5  ┤     <div class="row-col2 row-col-floatNone bg-shadow-right">
6  ┤       <div class="container">
7  ┤         <div class="wrp01">
8            <h2 class=" heading1"><?php echo $_data['m']['username']; ?></h2>
9            <div class="p2 borderLeft"><span></span>欅坂46</div>
10           </div>
11 ┤         <div class="wrp02">
12           <div class="p1"><?php echo $_data['m']['other']; ?></div>
13           </div>
14         </div>
15       </div>
16 ┤     <div class="row-col2 row-col-floatNone">
17 ┤       <div class="row thumbnail">
18 ┤         <div class="row-col1">
19 ┤           <div class="flexslider">
20 ┤             <ul class="slides">
21               <img src="/upload/<?php echo $_data['m']['image']; ?>" >
22               </ul>
23             </div>
24           </div>
25         </div>
26       </div>
27     </div>
28     </section>
```

104

網頁 3：內容詳細頁

步驟如下：

1. 建立檔案「thing.php」

位置：/thing.php

打開檔案，輸入三行 PHP 程式碼（所有需要套用版型的頁面，程式碼完全相同）：

```php
<?php

    include_once dirname(__FILE__).'/module/function.php';

    $show_html = Get_SiteInfo();

    echo $show_html;

```

2. 打開「module」目錄下的「function.php」

位置：/module/function.php

建立「function set_thing」，輸入：

```php
/* 部落格個別資料 */
function set_thing(){
    if($_GET['tid']){
        $tid = $_GET['tid'];
        $psql = "select * from thing_table where tid='$tid'";
        $presult = mysql_query($psql);
        $prow = mysql_fetch_array($presult);

        $blog_data['tid'] = $prow['tid'];
        $blog_data['title'] = $prow['t_name'];
        $blog_data['image'] = $prow['file'];

        $phps = $_SERVER['PHP_SELF'];
        if($phps=='/update_thing.php'){
            $blog_data['content'] = str_replace("/<br\W*?\/>/",
```

```
        "\n",$prow['content']);
    }else{
        $blog_data['content'] = str_replace("\n","<br />",$prow['content']);
    }

    $buid = $prow['uid'];

    $msql = "select * from member_table where uid='$buid'";
    $mresult = mysql_query($msql);
    $mrow = mysql_fetch_array($mresult);
    $blog_data['username'] = $mrow['username'];
    }
    return $blog_data;
}
```

```
147    /* 部落格個別資料 */
148    function set_thing(){
149        if($_GET['tid']){
150            $tid = $_GET['tid'];
151            $psql = "select * from thing_table where tid='$tid'";
152            $presult = mysql_query($psql);
153            $prow = mysql_fetch_array($presult);
154
155            $blog_data['tid'] = $prow['tid'];
156            $blog_data['title'] = $prow['t_name'];
157            $blog_data['image'] = $prow['file'];
158
159            $phps = $_SERVER['PHP_SELF'];
160            if($phps=='/update_thing.php'){
161                $blog_data['content'] = str_replace("/<br\W*?\/>/", "\n",$prow['content']);
162            }else{
163                $blog_data['content'] = str_replace("\n","<br />",$prow['content']);
164            }
165            $buid = $prow['uid'];
166
167            $msql = "select * from member_table where uid='$buid'";
168            $mresult = mysql_query($msql);
169            $mrow = mysql_fetch_array($mresult);
170            $blog_data['username'] = $mrow['username'];
171        }
172        return $blog_data;
173    }
```

在「function Get_SiteInfo」的「switch ($phps)」下增加「case '/thing. php '」並輸入對應的版型（thing_tpl）及內容（set_thing）：

```
198    function Get_SiteInfo(){
199
200        $TempLate_dir = dirname(dirname(__FILE__)).'/template/';
201        $phps = $_SERVER['PHP_SELF'];
202
203        switch ($phps){
204            case '/index.php':
205                $TempLate_Page = $TempLate_dir. 'index_tpl.php';
206                $Content_Data = set_index();
207                break;
208            case '/herblog.php':
209                $TempLate_Page = $TempLate_dir. 'herblog_tpl.php';
210                $Content_Data = set_herblog();
211                break;
212            case '/thing.php':
213                $TempLate_Page = $TempLate_dir. 'thing_tpl.php';
214                $Content_Data = set_thing();
215                break;
```

3. 在「template」目錄下建立版型檔案「 」

位置：/template/

打開檔案，輸入：

```
<!--contents -->
<div id="contents">
  <section>
   <div class="row bg-shadow contents-wrp-01">
    <div class="row-col2 row-col-floatNone bg-shadow-right">
     <div class="container">
      <div class="wrp01">
       <h2 class=" heading1"><?php echo $_data['title']; ?></h2>
       <div class="p2 borderLeft"><span></span><?php echo $_
       data['username']; ?></div>
      </div>
      <div class="wrp02">
       <div class="p1"><?php echo $_data['content']; ?></div>
      </div>
     </div>
    </div>
    <div class="row-col2 row-col-floatNone">
     <div class="row thumbnail">
      <div class="row-col1">
       <div class="flexslider">
        <ul class="slides">
```

```
            <li><img src="/upload/<?php echo $_data['image']; ?>" alt="? 像
            " width="1000" height="1000" /></li>
          </ul>
        </div>
      </div>
     </div>
    </div>
   </div>
  </section>
</div>
<!--contents -->
<style>
.flexslider .slides > li {
  backface-visibility: hidden;
  display: block;
}
</style>
```

```
function.php  thing_tpl.php
 1    <!--contents -->
 2    <div id="contents">
 3      <section>
 4        <div class="row bg-shadow contents-wrp-01">
 5          <div class="row-col2 row-col-floatNone bg-shadow-right">
 6            <div class="container">
 7              <div class="wrp01">
 8                <h2 class=" heading1"><?php echo $_data['title']; ?></h2>
 9                <div class="p2 borderLeft"><span></span><?php echo $_data['username']; ?></div>
10              </div>
11              <div class="wrp02">
12                <div class="p1"><?php echo $_data['content']; ?></div>
13              </div>
14            </div>
15          </div>
16          <div class="row-col2 row-col-floatNone">
17            <div class="row thumbnail">
18              <div class="row-col1">
19                <div class="flexslider">
20                  <ul class="slides">
21                    <li><img src="/upload/<?php echo $_data['image']; ?>" alt="画像" width="1000" height="1000" /></li>
22                  </ul>
23                </div>
24              </div>
25            </div>
26          </div>
27        </div>
28      </section>
29    </div>
30    <!--contents -->
31    <style>
32    .flexslider .slides > li {
33        backface-visibility: hidden;
34        display: block;
35    }
36    </style>
```

網頁 4：登入

步驟如下：

1. 建立檔案「login.php」

位置：/login.php

打開檔案，輸入三行 PHP 程式碼（所有需要套用版型的頁面，程式碼完全相同）：

```php
<?php

    include_once dirname(__FILE__).'/module/function.php';

    $show_html = Get_SiteInfo();

    echo $show_html;
```

2. 打開「module」目錄下的「function.php」

位置：/module/function.php

在「function Get_SiteInfo」的「switch ($phps)」下增加「case '/login.php'」並輸入對應的版型（login_tpl）：

```
198    function Get_SiteInfo(){
199
200        $TempLate_dir = dirname(dirname(__FILE__)).'/template/';
201        $phps = $_SERVER['PHP_SELF'];
202
203        switch ($phps){
204            case '/index.php':
205                $TempLate_Page = $TempLate_dir. 'index_tpl.php';
206                $Content_Data = set_index();
207                break;
208            case '/herblog.php':
209                $TempLate_Page = $TempLate_dir. 'herblog_tpl.php';
210                $Content_Data = set_herblog();
211                break;
212            case '/thing.php':
213                $TempLate_Page = $TempLate_dir. 'thing_tpl.php';
214                $Content_Data = set_thing();
215                break;
216            case '/login.php':|
217                $TempLate_Page = $TempLate_dir.'login_tpl.php';
218                $Content_Data = '';
219                break;
```

3. 在「template」目錄下建立版型檔案「login_tpl.php」

位置：/template/login_tpl.php

打開檔案，輸入：

```
<!--contents -->
<div id="contents">
  <div class="login_form">
    <form name="form" method="post" action="connect.php">
      <div class="form-group"> 帳號：<input type="text" name="id" />
      </div>
      <div class="form-group"> 密碼：<input type="password"
        name="pw" /> <br></div>
      <div class="form-group"><input type="submit" name="button"
      value=" 登入 " />  </div>
    </form>
  </div>
</div>
<!--contents -->
<style>
.login_form {
  background: #fff none repeat scroll 0 0;
  border-radius: 4px;
```

```
    border-top: 3px solid #d2232a;
    box-shadow: 0 0 5px 0 #b3b3b3;
    margin: 2.6em auto auto;
    max-width: 400px;
    padding: 1.6em;
    width: 100%;
     text-align: center;
}
.form-group {
    margin-bottom: 15px;
}
</style>
```

```
function.php      login_tpl.php
1    <!--contents -->
2    <div id="contents">
3        <div class="login_form">
4            <form name="form" method="post" action="connect.php">
5                <div class="form-group">帳號 : <input type="text" name="id" /></div>
6                <div class="form-group">密碼 : <input type="password" name="pw" /> <br></div>
7                <div class="form-group"><input type="submit" name="button" value="登入" />  </div>
8            </form>
9        </div>
10   </div>
11   <!--contents -->
12   <style>
13   .login_form {
14       background: #fff none repeat scroll 0 0;
15       border-radius: 4px;
16       border-top: 3px solid #d2232a;
17       box-shadow: 0 0 5px 0 #b3b3b3;
18       margin: 2.6em auto auto;
19       max-width: 400px;
20       padding: 1.6em;
21       width: 100%;
22        text-align: center;
23   }
24   .form-group {
25       margin-bottom: 15px;
26   }
27   </style>
```

網頁 5：登入連接

步驟如下：

建立檔案「connect.php」

位置：/connect.php

打開檔案，（登入連接是不需要套用版型的頁面）輸入：

```php
<?php
include_once dirname(__FILE__).'/module/function.php';
$id = $_POST['id'];
$pw = $_POST['pw'];
if(!login($id,$pw)){
    echo "<script>alert(' 帳號密碼錯誤 !');</script>";
    echo '<meta http-equiv=REFRESH CONTENT=1;url=index.php>';
}
$sql = "SELECT * FROM member_table where username = '$id'";
$result = mysql_query($sql);
$row = @mysql_fetch_array($result);
if($id != null && $pw != null && $row['username'] == $id &&
$row['password'] == $pw){
    $_SESSION['username'] = $id;
    $_SESSION['uid'] = $row['uid'];
    $_SESSION['role'] = $row['role'];
    echo "<script>alert(' 登入成功 !');</script>";
    echo '<meta http-equiv=REFRESH CONTENT=1;url=member_center.
    php>';
}else{
    echo "<script>alert(' 登入失敗 !');</script>";
    echo '<meta http-equiv=REFRESH CONTENT=1;url=index.php>';
}
?>
```

```php
1  ☐<?php
2
3     include_once dirname(__FILE__).'/module/function.php';
4
5     $id = $_POST['id'];
6     $pw = $_POST['pw'];
7
8  ☐if(!login($id,$pw)){
9        echo "<script>alert('帳號密碼錯誤!');</script>";
10       echo '<meta http-equiv=REFRESH CONTENT=1;url=index.php>';
11  └}
12
13    $sql = "SELECT * FROM member_table where username = '$id'";
14    $result = mysql_query($sql);
15    $row = @mysql_fetch_array($result);
16
17 ☐if($id != null && $pw != null && $row['username'] == $id && $row['password'] == $pw){
18       $_SESSION['username'] = $id;
19       $_SESSION['uid'] = $row['uid'];
20       $_SESSION['role'] = $row['role'];
21
22       echo "<script>alert('登入成功!');</script>";
23       echo '<meta http-equiv=REFRESH CONTENT=1;url=member_center.php>';
24   }else{
25       echo "<script>alert('登入失敗!');</script>";
26       echo '<meta http-equiv=REFRESH CONTENT=1;url=index.php>';
27  └}
28
29  └?>
```

2. 打開「module」目錄下的「function.php」

位置：/module/function.php

建立「function login」，輸入：

```
/* 登入 */
function login($id,$pw){
   $sql = "SELECT * FROM member_table where username = '".mysql_
   real_escape_string($id)."';";    //sql injection 要擋
   $result = mysql_query($sql);
   if($result===false){
     return false;
   }
   if(mysql_num_rows($result)!=1){
     return false;
   }
   $row = mysql_fetch_array($result);
   if($row['password'] == $pw){
     return true;
   }
   return false;
}
```

113

```
15    /* 登入 */
16  function login($id,$pw){
17      $sql = "SELECT * FROM member_table where username = '".mysql_real_escape_string($id)."';";  //sql injection要擋
18      $result = mysql_query($sql);
19      if($result===false){
20          return false;
21      }
22      if(mysql_num_rows($result)!=1){
23          return false;
24      }
25      $row = mysql_fetch_array($result);
26      if($row['password'] == $pw){
27          return true;
28      }
29      return false;
30  }
```

網頁 6：登出

步驟如下：

建立檔案「logout.php」

位置：/logout.php

打開檔案，（登出是不需要套用版型的頁面）輸入：

```php
<?php
include_once dirname(__FILE__).'/module/function.php';
unset($_SESSION['uid']);
unset($_SESSION['role']);
unset($_SESSION['username']);
echo "<script>alert(' 登出 ......');</script>";
echo '<meta http-equiv=REFRESH CONTENT=1;url=index.php>';
?>
```

```
function.php   logout.php

1   <?php
2
3      include_once dirname(__FILE__).'/module/function.php';
4
5      unset($_SESSION['uid']);
6      unset($_SESSION['role']);
7      unset($_SESSION['username']);
8
9      echo "<script>alert('登出......');</script>";
10     echo '<meta http-equiv=REFRESH CONTENT=1;url=index.php>';
11
12  ?>
```

網頁 7：會員中心

步驟如下：

1. 建立檔案「member.php」

位置：/member.php

打開檔案，輸入三行 PHP 程式碼（所有需要套用版型的頁面，程式碼完全相同）：

```php
<?php

    include_once dirname(__FILE__).'/module/function.php';

    $show_html = Get_SiteInfo();

    echo $show_html;
```

2. 打開「module」目錄下的「function.php」

位置：/module/function.php

打開檔案，建立「function set_member_center」，輸入：

```php
/* 會員中心 */
function set_member_center(){
   if($_SESSION['uid'] != null){
     $dd = $_SESSION['uid'];
     $sql = "SELECT * FROM member_table where uid='$dd'";
     $result = mysql_query($sql);
     $row = mysql_fetch_array($result);

     if($row['role']=='1'){
        $member_data['role'] = ' 平台管理者 ';
     }else{
        $member_data['role'] = ' 平台會員 ';
     }

     $member_data['uid'] = $row['uid'];
```

```
    $member_data['username'] = $row['username'];

    if($row['role']=='1'){
       $tsql = "SELECT * FROM thing_table ";
    }else{
       $tsql = "SELECT * FROM thing_table where uid='$dd'";
    }

    $tresult = mysql_query($tsql);
    if($tresult){
       $i=0;
       while($trow = mysql_fetch_array($tresult)){
          $i++;
          $member_data['d'][$i] = array(   'i'       =>   $i,
                               'image'    =>   '/upload/' .$trow['file'],
                               't_name'   =>   $trow['t_name'],
                               'tid'      =>   $trow['tid']
                               );
       }
       $member_data['c'] = $i;
    }
    $member_data['p'] = 'y';
  }else{
     $member_data['p'] = 'n';
  }
  return $member_data;
}
```

```php
46     /* 會員中心 */
47     function set_member_center(){
48         if($_SESSION['uid'] != null){
49             $dd = $_SESSION['uid'];
50             $sql = "SELECT * FROM member_table where uid='$dd'";
51             $result = mysql_query($sql);
52             $row = mysql_fetch_array($result);
53
54             if($row['role']=='1'){
55                 $member_data['role'] = '平台管理者';
56             }else{
57                 $member_data['role'] = '平台會員';
58             }
59
60             $member_data['uid'] = $row['uid'];
61             $member_data['username'] = $row['username'];
62
63             if($row['role']=='1'){
64                 $tsql = "SELECT * FROM thing_table ";
65             }else{
66                 $tsql = "SELECT * FROM thing_table where uid='$dd'";
67             }
68
69             $tresult = mysql_query($tsql);
70             if($tresult){
71                 $i=0;
72                 while($trow = mysql_fetch_array($tresult)){
73                     $i++;
74                     $member_data['d'][$i] = array(  'i'        =>  $i,
75                                                     'image'    =>  '/upload/' .$trow['file'],
76                                                     't_name'   =>  $trow['t_name'],
77                                                     'tid'      =>  $trow['tid']
78                                                     );
79                 }
80                 $member_data['c'] = $i;
81             }
82             $member_data['p'] = 'y';
83         }else{
84             $member_data['p'] = 'n';
85         }
86         return $member_data;
87     }
```

在「function Get_SiteInfo」 的「switch ($phps)」 下 增 加「case '/
member_center.php '」並輸入對應的版型（member_center_tpl）及內容
（set_member_center）：

```
198    function Get_SiteInfo(){
199
200        $TempLate_dir = dirname(dirname(__FILE__)).'/template/';
201        $phps = $_SERVER['PHP_SELF'];
202
203        switch ($phps){
204            case '/index.php':
205                $TempLate_Page = $TempLate_dir. 'index_tpl.php';
206                $Content_Data = set_index();
207                break;
208            case '/herblog.php':
209                $TempLate_Page = $TempLate_dir. 'herblog_tpl.php';
210                $Content_Data = set_herblog();
211                break;
212            case '/thing.php':
213                $TempLate_Page = $TempLate_dir. 'thing_tpl.php';
214                $Content_Data = set_thing();
215                break;
216            case '/login.php':
217                $TempLate_Page = $TempLate_dir.'login_tpl.php';
218                $Content_Data = '';
219                break;
220            case '/member_center.php':
221                $TempLate_Page = $TempLate_dir. 'member_center_tpl.php';
222                $Content_Data = set_member_center();
223                break;
```

3. 在「template」目錄下建立版型檔案「member_center_tpl.php」

位置：/template/member_center_tpl.php

打開檔案，輸入：

```
<!--contents -->
<div id="contents">
  <div class="login_form">
      您的帳號：<?php echo $_data['username']; ?><br>
      您的角色：<?php echo $_data['role']; ?><br>
      <a href="/update_member.php?uid=<?php echo $_data['uid']; ?>">
      （修改個人資料）</a><br><br>


      <table>
      <tbody>
      <a href="add_thing.php"><button> 新增文章 </button></a><br><br>
      <h5> 文章列表 </h5><br>
      <?php if($_data['c']>0): ?>
        <?php foreach($_data['d'] as $in_member):?>
          <tr>
            <td><?php echo $in_member['i']; ?></td>
```

```
    <td><img class="timg" src="<?php echo $in_member['image'];
    ?>"></td>
    <td><?php echo $in_member['t_name']; ?></td>
    <td><a href="/update_thing.php?tid=<?php echo $in_
    member['tid']; ?>"> 編輯 </a></td>
    <td><a href="/delete_thing.php?tid=<?php echo $in_
    member['tid']; ?>"> 刪除 </a></td>
    </tr>
  <?php endforeach; ?>
  <?php else: ?>
    <tr>
    <td><h4>... 您尚未新增任何文章 ...<h4></td>
    </tr>
  <?php endif; ?>
    </tbody>
    </table>
  </div>
</div>
<!--contents -->
```

```php
 1  <!--contents -->
 2  <div id="contents">
 3      <div class="login_form">
 4          您的帳號：<?php echo $_data['username']; ?><br>
 5          您的角色：<?php echo $_data['role']; ?><br>
 6          <a href="/update_member.php?uid=<?php echo $_data['uid']; ?>">（修改個人資料）</a><br><br>
 7
 8          <table>
 9          <tbody>
10          <a href="add_thing.php"><button>新增文章</button></a><br><br>
11          <h5>文章列表</h5><br>
12          <?php if($_data['c']>0): ?>
13              <?php foreach($_data['d'] as $in_member):?>
14                  <tr>
15                  <td><?php echo $in_member['i']; ?></td>
16                  <td><img class="timg" src="<?php echo $in_member['image']; ?>"></td>
17                  <td><?php echo $in_member['t_name']; ?></td>
18                  <td><a href="/update_thing.php?tid=<?php echo $in_member['tid']; ?>">編輯</a></td>
19                  <td><a href="/delete_thing.php?tid=<?php echo $in_member['tid']; ?>">刪除</a></td>
20                  </tr>
21              <?php endforeach; ?>
22          <?php else: ?>
23              <tr>
24              <td><h4>...您尚未新增任何文章...<h4></td>
25              </tr>
26          <?php endif; ?>
27          </tbody>
28          </table>
29      </div>
30  </div>
31  <!--contents -->
```

網頁 8：會員列表

步驟如下：

1. 建立檔案「member_list_bk.php」

位置：/member_list_bk.php

打開檔案，輸入三行 PHP 程式碼（所有需要套用版型的頁面，程式碼完全相同）：

```
index.php
1    <?php
2
3        include_once dirname(__FILE__).'/module/function.php';
4
5        $show_html = Get_SiteInfo();
6
7        echo $show_html;
8
9
```

2. 打開「module」目錄下的「function.php」

位置：/module/function.php

打開檔案，建立「function set_member_list_bk」，輸入：

/* 後台會員列表 */

```
function set_member_list_bk(){
   if($_SESSION['role'] == '1'){

      $mresult = "SELECT * FROM member_table";

      $msql = mysql_query($mresult);
      if($msql){
         $i=0;
         while($mrow = mysql_fetch_array($msql)){
            $i++;
            $member_data['d'][$i] = array(  'i'       =>  $i,
                              'image'   =>  '/upload/' .$mrow['file'],
                              'username' =>  $mrow['username'],
```

```
                    'uid'      =>   $mrow['uid']
                    );
        }
    $member_data['c'] = $i;
    }
    $member_data['p'] = 'y';
}else{
    $member_data['p'] = 'n';
}
    return $member_data;
}
```

```
function.php ☒  update_member_save.php ☒  update_thing_save.php ☒
118  }
119
120   /* 後台會員列表 */
121  function set_member_list_bk(){
122      if($_SESSION['role'] == '1'){
123
124          $mresult = "SELECT * FROM member_table";
125
126          $msql = mysql_query($mresult);
127          if($msql){
128              $i=0;
129              while($mrow = mysql_fetch_array($msql)){
130                  $i++;
131                  $member_data['d'][$i] = array(  'i'        =>  $i,
132                                                  'image'    =>  '/upload/' .$mrow['file'],
133                                                  'username' =>  $mrow['username'],
134                                                  'uid'      =>  $mrow['uid']
135                                                  );
136              }
137              $member_data['c'] = $i;
138          }
139          $member_data['p'] = 'y';
140      }else{
141          $member_data['p'] = 'n';
142      }
143      return $member_data;
144  }
```

在「function Get_SiteInfo」 的「switch ($phps)」 下 增 加「case '/
member_list_bk.php '」並輸入對應的版型（member_list_bk_tpl）及內
容（set_member_list_bk）：

```
198    function Get_SiteInfo(){
199
200        $TempLate_dir = dirname(dirname(__FILE__)).'/template/';
201        $phps = $_SERVER['PHP_SELF'];
202
203        switch ($phps){
204            case '/index.php':
205                $TempLate_Page = $TempLate_dir. 'index_tpl.php';
206                $Content_Data = set_index();
207                break;
208            case '/herblog.php':
209                $TempLate_Page = $TempLate_dir. 'herblog_tpl.php';
210                $Content_Data = set_herblog();
211                break;
212            case '/thing.php':
213                $TempLate_Page = $TempLate_dir. 'thing_tpl.php';
214                $Content_Data = set_thing();
215                break;
216            case '/login.php':
217                $TempLate_Page = $TempLate_dir.'login_tpl.php';
218                $Content_Data = '';
219                break;
220            case '/member_center.php':
221                $TempLate_Page = $TempLate_dir. 'member_center_tpl.php';
222                $Content_Data = set_member_center();
223                break;
224            case '/member_list_bk.php':
225                $TempLate_Page = $TempLate_dir. 'member_list_bk_tpl.php';
226                $Content_Data = set_member_list_bk();
227                break;
```

3. 在「template」目錄下建立版型檔案「member_list_bk_tpl.php」

位置：/template/member_list_bk_tpl.php

打開檔案，輸入：

```
<!--contents -->
<div id="contents">
  <div class="login_form">
    <table>
    <tbody>
    <a href="add_member.php"><button> 新增會員 </button></a><br>
    <br>
    <h5> 會員列表 </h5><br>
    <?php if($_data['c']>0): ?>
      <?php foreach($_data['d'] as $in_member):?>
        <tr>
        <td><?php echo $in_member['i']; ?></td>
        <td><img class="timg" src="<?php echo $in_member['image'];
        ?>"></td>
        <td><?php echo $in_member['username']; ?></td>
```

```
            <td><a href="/update_member.php?uid=<?php echo $in_
            member['uid']; ?>"> 編輯 </a></td>
            <td><a href="/delete_member.php?uid=<?php echo $in_
            member['uid']; ?>"> 刪除 </a></td>
            </tr>
        <?php endforeach; ?>
      <?php else: ?>
        <tr>
        <td><h4>... 您尚未新增任何會員 ...<h4></td>
        </tr>
      <?php endif; ?>
      </tbody>
      </table>
   </div>
 </div>
 <!--contents -->
 <style>
 table {
    text-align: center;
    width: 100%;
 }
 td {
    border: 1px solid;
    padding: 10px;
 }
 .timg {
    width: 100px;
 }
 .login_form {
    background: #fff none repeat scroll 0 0;
    border-radius: 4px;
    border-top: 3px solid #d2232a;
    box-shadow: 0 0 5px 0 #b3b3b3;
    margin: 2.6em auto auto;
    max-width: 400px;
    padding: 1.6em;
    width: 100%;
     text-align: center;
 }
 .form-group {
    margin-bottom: 15px;
```

```
}
</style>
```

```
function.php 🗙  update_member_save.php 🗙  update_thing_save.php 🗙  member_list_bk_tpl.php 🗙
1    <!--contents -->
2   □<div id="contents">
3   □   <div class="login_form">
4   □     <table>
5   □       <tbody>
6           <a href="add_member.php"><button>新增會員</button></a><br><br>
7           <h5>會員列表</h5><br>
8           <?php if($_data['c']>0): ?>
9               <?php foreach($_data['d'] as $in_member): ?>
10  □               <tr>
11                  <td><?php echo $in_member['i']; ?></td>
12                  <td><img class="timg" src="<?php echo $in_member['image']; ?>"></td>
13                  <td><?php echo $in_member['username']; ?></td>
14                  <td><a href="/update_member.php?uid=<?php echo $in_member['uid']; ?>">編輯</a></td>
15                  <td><a href="/delete_member.php?uid=<?php echo $in_member['uid']; ?>">刪除</a></td>
16                  </tr>
17              <?php endforeach; ?>
18          <?php else: ?>
19  □           <tr>
20  □               <td><h4>...您尚未新增任何會員...<h4></td>
21              </tr>
22          <?php endif; ?>
23          </tbody>
24        </table>
25      </div>
26  └</div>
27    <!--contents -->
```

網頁 9：新增會員

步驟如下：

1. 建立檔案「add_member.php」

位置：/add_member.php

打開檔案，輸入三行 PHP 程式碼（所有需要套用版型的頁面，程式碼完全相同）：

```
index.php 🗙
1   □<?php
2
3     include_once dirname(__FILE__).'/module/function.php';
4
5     $show_html = Get_SiteInfo();
6
7     echo $show_html;
8
9
```

2. 打開「module」目錄下的「function.php」

位置：/module/function.php

打開檔案，在「function Get_SiteInfo」的「switch ($phps)」下增加「case '/add_member.php '」並輸入對應的版型（add_member_tpl）：

```
198  ┌function Get_SiteInfo(){
199
200       $TempLate_dir = dirname(dirname(__FILE__)).'/template/';
201       $phps = $_SERVER['PHP_SELF'];
202
203  ┌    switch ($phps){
204           case '/index.php':
205               $TempLate_Page = $TempLate_dir. 'index_tpl.php';
206               $Content_Data = set_index();
207               break;
208           case '/herblog.php':
209               $TempLate_Page = $TempLate_dir. 'herblog_tpl.php';
210               $Content_Data = set_herblog();
211               break;
212           case '/thing.php':
213               $TempLate_Page = $TempLate_dir. 'thing_tpl.php';
214               $Content_Data = set_thing();
215               break;
216           case '/login.php':
217               $TempLate_Page = $TempLate_dir.'login_tpl.php';
218               $Content_Data = '';
219               break;
220           case '/member_center.php':
221               $TempLate_Page = $TempLate_dir. 'member_center_tpl.php';
222               $Content_Data = set_member_center();
223               break;
224           case '/member_list_bk.php':
225               $TempLate_Page = $TempLate_dir. 'member_list_bk_tpl.php';
226               $Content_Data = set_member_list_bk();
227               break;
228           case '/add_member.php':
229               $TempLate_Page = $TempLate_dir. 'add_member_tpl.php';
230               $Content_Data = '';
```

3. 在「template」目錄下建立版型檔案「add_member_tpl.php」

位置：/template/add_member_tpl.php

打開檔案，輸入：

```
<div class="login_form">
  <h1> 新增會員 </h1><br /><br />
  <form name="form" method="post" action="add_member_save.php"
  enctype="multipart/form-data">
    <div class="form-group"> 帳號：<input type="text" name=
```

```
"username" required /></div>
<div class="form-group"> 密碼：<input type="text" name=
"password" required /></div>
<div class="form-group"> 上傳圖片 :<input type="file" name="file"
id="file" required /></div>
<div class="form-group"><textarea name="other"> 說明 ..</textarea>
</div>
<div class="form-group"><input type="submit" name="button"
value=" 確定 " /></div>
    </form>
</div>
```

```
1  ⊟<div class="login_form">
2      <h1>新增會員</h1><br /><br />
3  ⊟    <form name="form" method="post" action="add_member_save.php" enctype="multipart/form-data">
4          <div class="form-group">帳號：<input type="text" name="username" required /></div>
5          <div class="form-group">密碼：<input type="text" name="password" required /></div>
6          <div class="form-group">上傳圖片:<input type="file" name="file" id="file" required /></div>
7          <div class="form-group"><textarea name="other">說明..</textarea></div>
8          <div class="form-group"><input type="submit" name="button" value="確定" /></div>
9      </form>
10 └</div>
```

網頁 10：新增會員儲存

步驟如下：

建立檔案「add_member_save.php」

位置：/add_member_save.php

打開檔案，（新增會員儲存是不需要套用版型的頁面）輸入：

```php
<?php
include_once dirname(__FILE__).'/module/function.php';
$username = $_POST['username'];
$password = $_POST['password'];
$other = $_POST['other'];

if($_SESSION['role'] == '1')
{
   if (file_exists("upload/" . $_FILES["file"]["name"])){
      echo " 檔案已經存在，請勿重覆上傳相同檔案 ";
      echo '<meta http-equiv=REFRESH CONTENT=2;url=member_list_
      bk.php>';
   }else{
```

```php
    move_uploaded_file($_FILES["file"]["tmp_name"],"upload/".$_
    FILES["file"]["name"]);
    $file_name = $_FILES["file"]["name"];
}


$sql = "insert into member_table (username, password, file, other, role)
values ('$username', '$password', '$file_name', '$other', '2')";
if(mysql_query($sql))
{
    echo ' 新增成功 !';
    echo '<meta http-equiv=REFRESH CONTENT=1;url=member_list_
    bk.php>';
}
else
{
    echo ' 新增失敗 !';
    die('Error: ' . mysql_error());
    //echo '<meta http-equiv=REFRESH CONTENT=1;url=member_list_
    bk.php>';
}
}
else
{
    echo ' 您無權限觀看此頁面 !';
    echo '<meta http-equiv=REFRESH CONTENT=1;url=index.php>';
}
?>
```

```php
<?php
include_once dirname(__FILE__).'/module/function.php';
$username = $_POST['username'];
$password = $_POST['password'];
$other = $_POST['other'];

if($_SESSION['role'] == '1')
{
    if (file_exists("upload/" . $_FILES["file"]["name"])){
        echo "檔案已經存在，請勿重覆上傳相同檔案";
        echo '<meta http-equiv=REFRESH CONTENT=2;url=member_list_bk.php>';
    }else{
        move_uploaded_file($_FILES["file"]["tmp_name"],"upload/".$_FILES["file"]["name"]);
        $file_name = $_FILES["file"]["name"];
    }

    $sql = "insert into member_table (username, password, file, other, role) values ('$username', '$password', '$file_name', '$other', '2')";
    if(mysql_query($sql))
    {
        echo '新增成功!';
        echo '<meta http-equiv=REFRESH CONTENT=1;url=member_list_bk.php>';
    }
    else
    {
        echo '新增失敗!';
        die('Error: ' . mysql_error());
        //echo '<meta http-equiv=REFRESH CONTENT=1;url=member_list_bk.php>';
    }
}
else
{
    echo '您無權限觀看此頁面!';
    echo '<meta http-equiv=REFRESH CONTENT=1;url=index.php>';
}
?>
```

網頁 11：修改會員資料

步驟如下：

1. 建立檔案「update_member.php」

位置：/update_member.php

打開檔案，輸入三行 PHP 程式碼（所有需要套用版型的頁面，程式碼完全相同）：

```php
<?php

include_once dirname(__FILE__).'/module/function.php';

$show_html = Get_SiteInfo();

echo $show_html;
```

2. 打開「module」目錄下的「function.php」

位置：/module/function.php

打開檔案，建立「function set_member」，輸入：

```php
/* 會員個別資料 */
function set_member(){
    if($_GET['uid']==$_SESSION['uid'] || $_SESSION['role']=='1'){
        $uid = $_GET['uid'];
        $psql = "select * from member_table where uid='$uid'";
        $presult = mysql_query($psql);
        $prow = mysql_fetch_array($presult);

        $member_data['uid'] = $prow['uid'];
        $member_data['username'] = $prow['username'];
        $member_data['password'] = $prow['password'];
        $member_data['image'] = $prow['file'];
        $member_data['other'] = str_replace("\n","<br />",$prow['other']);
        $member_data['p'] = 'y';
    }else{
        $member_data['p'] = 'n';
    }
    return $member_data;
}
```

```
176        /* 會員個別資料 */
177    ┌ function set_member(){
178    ┌      if($_GET['uid']==$_SESSION['uid'] || $_SESSION['role']=='1'){
179    │          $uid = $_GET['uid'];
180    │          $psql = "select * from member_table where uid='$uid'";
181    │          $presult = mysql_query($psql);
182    │          $prow = mysql_fetch_array($presult);
183
184    │          $member_data['uid'] = $prow['uid'];
185    │          $member_data['username'] = $prow['username'];
186    │          $member_data['password'] = $prow['password'];
187    │          $member_data['image'] = $prow['file'];
188    │          $member_data['other'] = str_replace("\n","<br />",$prow['other']);
189
190    │          $member_data['p'] = 'y';
191    │      }else{
192    │          $member_data['p'] = 'n';
193    └      }
194           return $member_data;
195    └ }
```

在「function Get_SiteInfo」 的「switch ($phps)」 下 增 加「case '/
update_member.php '」並輸入對應的版型（update_member_tpl）及內
容（set_member）：

```
198    function Get_SiteInfo(){
199
200        $TempLate_dir = dirname(dirname(__FILE__)).'/template/';
201        $phps = $_SERVER['PHP_SELF'];
202
203        switch ($phps){
204            case '/index.php':
205                $TempLate_Page = $TempLate_dir. 'index_tpl.php';
206                $Content_Data = set_index();
207                break;
208            case '/herblog.php':
209                $TempLate_Page = $TempLate_dir. 'herblog_tpl.php';
210                $Content_Data = set_herblog();
211                break;
212            case '/thing.php':
213                $TempLate_Page = $TempLate_dir. 'thing_tpl.php';
214                $Content_Data = set_thing();
215                break;
216            case '/login.php':
217                $TempLate_Page = $TempLate_dir.'login_tpl.php';
218                $Content_Data = '';
219                break;
220            case '/member_center.php':
```

```
221                $TempLate_Page = $TempLate_dir. 'member_center_tpl.php';
222                $Content_Data = set_member_center();
223                break;
224            case '/member_list_bk.php':
225                $TempLate_Page = $TempLate_dir. 'member_list_bk_tpl.php';
226                $Content_Data = set_member_list_bk();
227                break;
228            case '/add_member.php':
229                $TempLate_Page = $TempLate_dir. 'add_member_tpl.php';
230                $Content_Data = '';
231                break;
232            case '/update_member.php':
233                $TempLate_Page = $TempLate_dir. 'update_member_tpl.php';
234                $Content_Data = set_member();
235                break;
```

3. 在「template」目錄下建立版型檔案「update_member_tpl.php」

位置：/template/update_member_tpl.php

打開檔案，輸入：

```html
<div class="login_form">
<h1> 編輯會員 </h1><br /><br />
<form name="form" method="post" action="update_member_save.php"
enctype="multipart/form-data">
<div class="form-group"> 帳號：<input type="text" name="username"
value="<?php echo $_data['username']; ?>" required /></div>
<div class="form-group"> 密碼：<input type="password" name=
"password" value="<?php echo $_data['password']; ?>" required /></div>
<div class="form-group"> 上傳圖片：
    <?php if($_data['image']!=""): ?>
    <div id="check_div"><img src="/upload/<?php echo $_data['image']; ?>">
    <input type="checkbox" value="aa" name="f1" id="check" class="">
刪除圖片 </div>
    <input type="file" name="file" id="file" class="hide" />
    <?php else: ?>
    <input type="file" name="file" id="file" class="" />
    <?php endif; ?>
</div>
<div class="form-group"><textarea name="other"><?php echo $_data
['other']; ?></textarea></div>
<input type="hidden" name="uid" value="<?php echo $_data['uid']; ?>">
<div class="form-group"><input type="submit" name="button" value=" 確
定 " /></div>
</form>
</div>
textarea {
    height: 150px;
    width: 100%;
}
.hide{
    visibility: hidden;
}
#check_div > img {
    width: 150px;
}
</style>
<script>
$(document).ready(function() {
    $("#check").click(function() {
        if ($(this).is(":checked")) {
            $(this).val('ab');
```

```
    $("#file").removeClass("hide");
    $("#check_div").addClass("hide");
    }
  });
});
</script>
```

```
 1  <div class="login_form">
 2    <h1>編輯會員</h1><br /><br />
 3    <form name="form" method="post" action="update_member_save.php" enctype="multipart/form-data">
 4    <div class="form-group">帳號：<input type="text" name="username" value="<?php echo $_data['username']; ?>" required /></div>
 5    <div class="form-group">密碼：<input type="password" name="password" value="<?php echo $_data['password']; ?>" required /></div>
 6    <div class="form-group">上傳圖片：
 7      <?php if ($_data['image']!=""): ?>
 8      <div id="check_div"><img src="/upload/<?php echo $_data['image']; ?>">
 9      <input type="checkbox" value="aa" name="f1" id="check" class="">刪除圖片</div>
10      <input type="file" name="file" id="file" class="hide" />
11      <?php else: ?>
12      <input type="file" name="file" id="file" class="" />
13      <?php endif; ?>
14    </div>
15    <div class="form-group"><textarea name="other"><?php echo $_data['other']; ?></textarea></div>
16    <input type="hidden" name="uid" value="<?php echo $_data['uid']; ?>">
17    <div class="form-group"><input type="submit" name="button" value="確定" /></div>
18    </form>
19    </div>
20    textarea {
21        height: 150px;
22        width: 100%;
23    }
24    .hide{
25        visibility: hidden;
26    }
27    #check_div > img {
28        width: 150px;
29    }
30    </style>
31    <script>
32    $(document).ready(function() {
33        $("#check").click(function() {
34            if ($(this).is(":checked")) {
35                $(this).val('ab');
36                $("#file").removeClass("hide");
37                $("#check_div").addClass("hide");
38            }
39        });
40    });
41    </script>
```

網頁 12：修改會員資料儲存

步驟如下：

建立檔案「update_member_save.php」

位置：/update_member_save.php

打開檔案，（修改會員資料儲存是不需要套用版型的頁面）輸入：

```php
<?php

include_once dirname(__FILE__).'/module/function.php';

if($_POST['uid']){
    $uid = $_POST['uid'];
```

```
if($_POST['uid']==$_SESSION['uid'] || $_SESSION['role']=='1'){

    $username = $_POST['username'];
    $password = $_POST['password'];
    $other = $_POST['other'];

    $psql = "select * from member_table where uid='$uid'";
    $presult = mysql_query($psql);
    $prow = mysql_fetch_array($presult);
    if($_POST['username']!=''){
        $username = $_POST['username'];
    }else{
        $username = $prow['1'];
    }

    if(isset($_POST['f1']) && $_POST['f1']=='ab'){
        move_uploaded_file($_FILES["file"]["tmp_name"],"upload/".$_
        FILES["file"]["name"]);
        $file_name = $_FILES["file"]["name"];
    }else if(isset($_POST['f1']) && $_POST['f1']=='aa'){
        $file_name = $prow['3'];
    }else{
        if($_FILES){
            move_uploaded_file($_FILES["file"]["tmp_name"],"upload/".$_
            FILES["file"]["name"]);
            $file_name = $_FILES["file"]["name"];
        }else{
            $file_name = '';
        }
    }

    if($_POST['other']!=''){
        $other = $_POST['other'];
    }else{
        $other = $prow['other'];
    }
    $sql = "update member_table set username='$username', password=
    '$password', file='$file_name', other='$other' where uid='$uid'";
    if(mysql_query($sql))
    {
        echo "<script>alert(' 修改成功 !');</script>";
```

```
        echo '<meta http-equiv=REFRESH CONTENT=1;url=member_
        center.php>';
      }
    else
    {
      echo "<script>alert(' 修改失敗 !');</script>";
      echo '<meta http-equiv=REFRESH CONTENT=1;url=member_
      center.php>';
    }
  }else{
    echo "<script>alert(' 您無權限觀看此頁面 !');</script>";
    echo '<meta http-equiv=REFRESH CONTENT=2;url=index.php>';
  }
}
?>
```

網頁 13：刪除會員

步驟如下：

建立檔案「delete_member.php」

位置：/delete_member.php

打開檔案，（刪除會員是不需要套用版型的頁面）輸入：

```php
<?php

include_once dirname(__FILE__).'/module/function.php';

if($_GET['uid']){
  $uid = $_GET['uid'];
  $uid = $_SESSION['uid'];

  $psql = "select * from member_table where uid='$uid'";
  $presult = mysql_query($psql);
  $prow = mysql_fetch_array($presult);

  if($_SESSION['role']=='1' || $prow['uid']==$$uid){



    if ( (isset($prow['file'])) && file_exists("upload/" .$prow['file'])) {
```

```php
        unlink("upload/" .$prow['file']);        // 刪除檔案
    }

    $deleteSQL = "DELETE FROM member_table WHERE uid='$uid'";
    if(mysql_query($deleteSQL))
    {
        echo "<script>alert(' 刪除成功 !');</script>";
        echo '<meta http-equiv=REFRESH CONTENT=1;url=member_
        center.php>';
    }
    else
    {
        echo "<script>alert(' 刪除失敗 !');</script>";
        echo '<meta http-equiv=REFRESH CONTENT=1;url=member_
        center.php>';
    }
}else{
    echo "<script>alert(' 您無權限觀看此頁面 !');</script>";
    echo '<meta http-equiv=REFRESH CONTENT=2;url=index.php>';
}
}
?>
```

```php
function.php    delete_member.php

 1   <?php
 2
 3   include_once dirname(__FILE__).'/module/function.php';
 4
 5   if($_GET['uid']){
 6       $uid = $_GET['uid'];
 7       $uid = $_SESSION['uid'];
 8
 9       $psql = "select * from member_table where uid='$uid'";
10       $presult = mysql_query($psql);
11       $prow = mysql_fetch_array($presult);
12
13       if($_SESSION['role']=='1' || $prow['uid']==$$uid){
14
15
16           if ( (isset($prow['file'])) && file_exists("upload/" .$prow['file'])) {
17               unlink("upload/" .$prow['file']);          //刪除檔案
18           }
19
20           $deleteSQL = "DELETE FROM member_table WHERE uid='$uid'";
21           if(mysql_query($deleteSQL))
22           {
23               echo "<script>alert('刪除成功!');</script>";
24               echo '<meta http-equiv=REFRESH CONTENT=1;url=member_center.php>';
25           }
26           else
27           {
28               echo "<script>alert('刪除失敗!');</script>";
29               echo '<meta http-equiv=REFRESH CONTENT=1;url=member_center.php>';
30           }
31       }else{
32           echo "<script>alert('您無權限觀看此頁面!');</script>";
33           echo '<meta http-equiv=REFRESH CONTENT=2;url=index.php>';
34       }
35   }
36   ?>
```

網頁 14：新增文章

步驟如下：

1. 建立檔案「add_thing.php」

位置：/add_thing.php

打開檔案，輸入三行 PHP 程式碼（所有需要套用版型的頁面，程式碼完全相同）：

```php
index.php

 1   <?php
 2
 3   include_once dirname(__FILE__).'/module/function.php';
 4
 5   $show_html = Get_SiteInfo();
 6
 7   echo $show_html;
 8
 9
```

2. 打開「module」目錄下的「function.php」

位置：/module/function.php

打開檔案，在「function Get_SiteInfo」的「switch ($phps)」下增加「case '/add_thing.php'」並輸入對應的版型（add_thing_tpl）：

```
function.php

198  function Get_SiteInfo(){
199
200      $TempLate_dir = dirname(dirname(__FILE__)).'/template/';
201      $phps = $_SERVER['PHP_SELF'];
202
203      switch ($phps){
204          case '/index.php':
205              $TempLate_Page = $TempLate_dir. 'index_tpl.php';
206              $Content_Data = set_index();
207              break;
208          case '/herblog.php':
209              $TempLate_Page = $TempLate_dir. 'herblog_tpl.php';
210              $Content_Data = set_herblog();
211              break;
212          case '/thing.php':
213              $TempLate_Page = $TempLate_dir. 'thing_tpl.php';
214              $Content_Data = set_thing();
215              break;
216          case '/login.php':
217              $TempLate_Page = $TempLate_dir.'login_tpl.php';
218              $Content_Data = '';
219              break;
220          case '/member_center.php':
221              $TempLate_Page = $TempLate_dir. 'member_center_tpl.php';
222              $Content_Data = set_member_center();
223              break;
224          case '/member_list_bk.php':
225              $TempLate_Page = $TempLate_dir. 'member_list_bk_tpl.php';
226              $Content_Data = set_member_list_bk();
227              break;
228          case '/add_member.php':
229              $TempLate_Page = $TempLate_dir. 'add_member_tpl.php';
230              $Content_Data = '';
231              break;
232          case '/update_member.php':
233              $TempLate_Page = $TempLate_dir. 'update_member_tpl.php';
234              $Content_Data = set_member();
235              break;
236          case '/add_thing.php':
237              $TempLate_Page = $TempLate_dir. 'add_thing_tpl.php';
238              $Content_Data = '';
239              break;
```

3. 在「template」目錄下建立版型檔案「add_thing_tpl.php」

位置：/template/add_thing_tpl.php

打開檔案，輸入：

```
<div class="login_form">
  <h1> 新增文章 </h1><br /><br />
  <form name="form" method="post" action="add_thing_save.php"
  enctype="multipart/form-data">
    <div class="form-group"> 文章標題：<input type="text" name="t_
    name" required /></div>
    <div class="form-group"> 上傳圖片 :<input type="file" name="file"
    id="file" required /></div>
    <div class="form-group"><textarea name="content"> 說明 ..</
    textarea></div>
    <div class="form-group"><input type="submit" name="button"
    value=" 確定 " /></div>
  </form>
</div>
```

```
function.php    add_thing_tpl.php
1    <div class="login_form">
2        <h1>新增文章</h1><br /><br />
3        <form name="form" method="post" action="add_thing_save.php" enctype="multipart/form-data">
4            <div class="form-group">文章標題: <input type="text" name="t_name" required /></div>
5            <div class="form-group">上傳圖片:<input type="file" name="file" id="file" required /></div>
6            <div class="form-group"><textarea name="content">說明..</textarea></div>
7            <div class="form-group"><input type="submit" name="button" value="確定" /></div>
8        </form>
9    </div>
```

網頁 15：新增文章儲存

步驟如下：

建立檔案「add_thing_save.php」

位置：/add_thing_save.php

打開檔案，（新增文章儲存是不需要套用版型的頁面）輸入：

```php
<?php

include_once dirname(__FILE__).'/module/function.php';

$t_name = $_POST['t_name'];
```

```
$content = $_POST['content'];
$uid = $_SESSION['uid'];

if($t_name != null && $_SESSION['uid'] >0 )
{

    if (file_exists("upload/" . $_FILES["file"]["name"])){
       echo " 檔案已經存在，請勿重覆上傳相同檔案 ";
       echo '<meta http-equiv=REFRESH CONTENT=2;url=member_center.
       php>';
    }else{
       move_uploaded_file($_FILES["file"]["tmp_name"],"upload/".$_
       FILES["file"]["name"]);
       $file_name = $_FILES["file"]["name"];
    }
    $sql = "insert into thing_table (t_name, file, content, uid) values ('$t_
    name', '$file_name', '$content', '$uid')";
    if(mysql_query($sql))
    {
       echo ' 新增成功 !';
       echo '<meta http-equiv=REFRESH CONTENT=1;url=member_center.
       php>';
    }
    else
    {
       echo ' 新增失敗 !';
       echo '<meta http-equiv=REFRESH CONTENT=1;url=member_center.
       php>';
    }
}
else
{
    echo ' 您無權限觀看此頁面 !';
    echo '<meta http-equiv=REFRESH CONTENT=1;url=index.php>';
}
?>
```

```php
<?php

include_once dirname(__FILE__).'/module/function.php';

$t_name = $_POST['t_name'];
$content = $_POST['content'];
$uid = $_SESSION['uid'];

if($t_name != null && $_SESSION['uid'] >0 )
{

    if (file_exists("upload/" . $_FILES["file"]["name"])){
        echo "檔案已經存在，請勿重覆上傳相同檔案";
        echo '<meta http-equiv=REFRESH CONTENT=2;url=member_center.php>';
    }else{
        move_uploaded_file($_FILES["file"]["tmp_name"],"upload/".$_FILES["file"]["name"]);
        $file_name = $_FILES["file"]["name"];
    }
    $sql = "insert into thing_table (t_name, file, content, uid) values ('$t_name', '$file_name', '$content', '$uid')";
    if(mysql_query($sql))
    {
        echo '新增成功!';
        echo '<meta http-equiv=REFRESH CONTENT=1;url=member_center.php>';
    }
    else
    {
        echo '新增失敗!';
        echo '<meta http-equiv=REFRESH CONTENT=1;url=member_center.php>';
    }
}
else
{
        echo '您無權限觀看此頁面!';
        echo '<meta http-equiv=REFRESH CONTENT=1;url=index.php>';
}
?>
```

網頁 16：修改文章

步驟如下：

1. 建立檔案「update_thing.php」

位置：/update_thing.php

打開檔案，輸入三行 PHP 程式碼（所有需要套用版型的頁面，程式碼完全相同）：

```php
<?php

include_once dirname(__FILE__).'/module/function.php';

$show_html = Get_SiteInfo();

echo $show_html;
```

2. 打開「module」目錄下的「function.php」

位置：/module/function.php

打開檔案，取得文章內容的「function set_thing」已在「網頁 3：內容詳細頁」建立，不需重覆輸入；在「function Get_SiteInfo」的「switch ($phps)」下增加「case '/update_thing.php'」並輸入對應的版型（update_thing_tpl）及內容（set_thing）：

```
198  ┌function Get_SiteInfo(){
199
200        $TempLate_dir = dirname(dirname(__FILE__)).'/template/';
201        $phps = $_SERVER['PHP_SELF'];
202
203  ┌     switch ($phps){
204            case '/index.php':
205                $TempLate_Page = $TempLate_dir. 'index_tpl.php';
206                $Content_Data = set_index();
207                break;
208            case '/herblog.php':
209                $TempLate_Page = $TempLate_dir. 'herblog_tpl.php';
210                $Content_Data = set_herblog();
211                break;
212            case '/thing.php':
213                $TempLate_Page = $TempLate_dir. 'thing_tpl.php';
214                $Content_Data = set_thing();
215                break;
216            case '/login.php':
217                $TempLate_Page = $TempLate_dir.'login_tpl.php';
218                $Content_Data = '';
219                break;
220            case '/member_center.php':
221                $TempLate_Page = $TempLate_dir. 'member_center_tpl.php';
222                $Content_Data = set_member_center();
223                break;
224            case '/member_list_bk.php':
225                $TempLate_Page = $TempLate_dir. 'member_list_bk_tpl.php';
226                $Content_Data = set_member_list_bk();
227                break;
228            case '/add_member.php':
229                $TempLate_Page = $TempLate_dir. 'add_member_tpl.php';
230                $Content_Data = '';
231                break;
232            case '/update_member.php':
233                $TempLate_Page = $TempLate_dir. 'update_member_tpl.php';
234                $Content_Data = set_member();
235                break;
236            case '/add_thing.php':
237                $TempLate_Page = $TempLate_dir. 'add_thing_tpl.php';
238                $Content_Data = '';
239                break;
240            case '/update_thing.php':
241                $TempLate_Page = $TempLate_dir. 'update_thing_tpl.php';
242                $Content_Data = set_thing();
243                break;
244        }
```

3. 在「template」目錄下建立版型檔案「update_thing_tpl.php」

位置：/template/update_thing_tpl.php

打開檔案，輸入：

```
<div class="login_form">
<h1> 編輯文章 </h1><br /><br />
<form name="form" method="post" action="update_thing_save.php"
enctype="multipart/form-data">
<div class="form-group"> 文章標題：<input type="text" name="t_name"
value="<?php echo $_data['title']; ?>" required /></div>
<div class="form-group"> 上傳圖片：
    <?php if($_data['image']!=""): ?>
    <div id="check_div"><img class="timg" src="/upload/<?php echo $_
    data['image']; ?>">
    <input type="checkbox" value="aa" name="f1" id="check" class="">
    刪除圖片 </div>
    <input type="file" name="file" id="file" class="hide" />
    <?php else: ?>
    <input type="file" name="file" id="file" class="" />
    <?php endif; ?>
</div>
<div class="form-group"><textarea name="content"><?php echo
$_data['content']; ?></textarea></div>
<input type="hidden" name="tid" value="<?php echo $_data['tid']; ?>">
<div class="form-group"><input type="submit" name="button" value=" 確
定 " /></div>
</form>
</div>
<style>
textarea {
    height: 300px;
    width: 100%;
}
.hide{
    visibility: hidden;
}
.timg {
    width: 100px;
}
```

```
  </style>
  <script>
  $(document).ready(function() {
    $("#check").click(function() {
      if ($(this).is(":checked")) {
        $("#file").removeClass("hide");
        $("#check_div").addClass("hide");
      }
    });
  });
  </script>
```

```
 1  <div class="login_form">
 2    <h1>編輯文章</h1><br /><br />
 3  <form name="form" method="post" action="update_thing_save.php" enctype="multipart/form-data">
 4    <div class="form-group">文章標題：<input type="text" name="t_name" value="<?php echo $_data['title']; ?>" required /></div>
 5  <div class="form-group">上傳圖片
 6        <?php if($_data['image']!=""): ?>
 7        <div id="check_div"><img class="timg" src="/upload/<?php echo $_data['image']; ?>">
 8        <input type="checkbox" value="aa" name="f1" id="check" class="">刪除圖片 </div>
 9        <input type="file" name="file" id="file" class="hide" />
10        <?php else: ?>
11        <input type="file" name="file" id="file" class="" />
12        <?php endif; ?>
13  </div>
14  <div class="form-group"><textarea name="content"><?php echo $_data['content']; ?></textarea></div>
15  <input type="hidden" name="tid" value="<?php echo $_data['tid']; ?>">
16  <div class="form-group"><input type="submit" name="button" value="確定" /></div>
17  </form>
18  </div>
19  <style>
20  textarea {
21      height: 300px;
22      width: 100%;
23  }
24  .hide{
25      visibility: hidden;
26  }
27  .timg {
28      width: 100px;
29  }
30  </style>
31  <script>
32  $(document).ready(function() {
33      $("#check").click(function() {
34          if ($(this).is(":checked")) {
35              $("#file").removeClass("hide");
36              $("#check_div").addClass("hide");
37          }
38      });
39  });
40  </script>
```

網頁 17：修改文章資料儲存

步驟如下：

建立檔案「update_thing_save.php」

位置：/update_thing_save.php

打開檔案，（修改文章資料儲存是不需要套用版型的頁面）輸入：

```php
<?php

include_once dirname(__FILE__).'/module/function.php';

if($_POST['tid']){
   $tid = $_POST['tid'];
   if($_SESSION['uid'] != null){
      $uid = $_SESSION['uid'];
      $psql = "select * from thing_table where tid='$tid'";
      $presult = mysql_query($psql);
      $prow = mysql_fetch_array($presult);
      if($_POST['t_name']!=''){
         $t_name = $_POST['t_name'];
      }else{
         $t_name = $prow['t_name'];
      }
      if(isset($_POST['f1']) && $_POST['f1']=='ab'){
         move_uploaded_file($_FILES["file"]["tmp_name"],"upload/".$_
         FILES["file"]["name"]);
         $file_name = $_FILES["file"]["name"];
      }else if(isset($_POST['f1']) && $_POST['f1']=='aa'){
         $file_name = $prow['3'];
      }else{
         if($_FILES){
            move_uploaded_file($_FILES["file"]["tmp_name"],"upload/".$_
            FILES["file"]["name"]);
            $file_name = $_FILES["file"]["name"];
         }else{
            $file_name = '';
         }
      }
      if($_POST['content']!=''){
         $content = $_POST['content'];
      }else{
         $content = $prow['content'];
      }
      $sql = "update thing_table set t_name='$t_name', file='$file_name',
      content='$content', uid='$uid' where tid='$tid'";
      if(mysql_query($sql))
      {
         echo "<script>alert(' 修改成功 !');</script>";
```

```
     echo '<meta http-equiv=REFRESH CONTENT=1;url=member.
     php>';
   }
   else
   {
     echo "<script>alert(' 修改失敗 !');</script>";
     echo '<meta http-equiv=REFRESH CONTENT=1;url=member.
     php>';
   }
  }else{
    echo "<script>alert(' 您無權限觀看此頁面 !');</script>";
    echo '<meta http-equiv=REFRESH CONTENT=2;url=index.php>';
  }
}
?>
```

網頁 18：刪除文章

步驟如下：

建立檔案「delete_thing.php」

位置：/delete_thing.php

打開檔案，（刪除文章是不需要套用版型的頁面）輸入：

```
<?php

include_once dirname(__FILE__).'/module/function.php';

if($_GET['tid']){
  $tid = $_GET['tid'];
  $uid = $_SESSION['uid'];

  $psql = "select * from member_table where tid='$tid'";
  $presult = mysql_query($psql);
  $prow = mysql_fetch_array($presult);

  if($_SESSION['role']=='1' || $prow['uid']==$$uid){
    if(isset($prow['file']) && file_exists("upload/" .$prow['file'])){
      unlink("upload/" .$prow['file']);        // 刪除檔案
    }
```

```php
    $deleteSQL = "DELETE FROM member_table WHERE tid='$tid'";
    if(mysql_query($deleteSQL))
    {
        echo "<script>alert(' 刪除成功 !');</script>";
        echo '<meta http-equiv=REFRESH CONTENT=1;url=member_
        center.php>';
    }
    else
    {
        echo "<script>alert(' 刪除失敗 !');</script>";
        echo '<meta http-equiv=REFRESH CONTENT=1;url=member_
        center.php>';
    }
  }else{
    echo "<script>alert(' 您無權限觀看此頁面 !');</script>";
    echo '<meta http-equiv=REFRESH CONTENT=2;url=index.php>';
  }
}
?>
```

```php
 1  <?php
 2
 3    include_once dirname(__FILE__).'/module/function.php';
 4
 5  if($_GET['tid']){
 6        $tid = $_GET['tid'];
 7        $uid = $_SESSION['uid'];
 8
 9        $psql = "select * from member_table where tid='$tid'";
10        $presult = mysql_query($psql);
11        $prow = mysql_fetch_array($presult);
12
13        if($_SESSION['role']=='1' || $prow['uid']==$$uid){
14            if(isset($prow['file']) && file_exists("upload/" .$prow['file'])){
15                unlink("upload/" .$prow['file']);          //刪除檔案
16            }
17
18            $deleteSQL = "DELETE FROM member_table WHERE tid='$tid'";
19            if(mysql_query($deleteSQL))
20            {
21                echo "<script>alert('刪除成功!');</script>";
22                echo '<meta http-equiv=REFRESH CONTENT=1;url=member_center.php>';
23            }
24            else
25            {
26                echo "<script>alert('刪除失敗!');</script>";
27                echo '<meta http-equiv=REFRESH CONTENT=1;url=member_center.php>';
28            }
29        }else{
30            echo "<script>alert('您無權限觀看此頁面!');</script>";
31            echo '<meta http-equiv=REFRESH CONTENT=2;url=index.php>';
32        }
33    }
34  ?>
```

【MEMO】

第 10 回
測試驗收

最後，
在交付驗收前，
我們要做測試。

測試流程如下：

1. 先在資料庫建立客戶（平台管理者）的帳號，
   網站角色「role」欄位的值為「1」。（偶像平台會員是 2）

2. 用客戶（平台管理者）的帳號登入網站，測試：
   是否能維護自己的帳號資料
   是否能建立偶像（平台會員）的帳號資料
   是否能修改偶像（平台會員）的帳號資料
   是否能刪除偶像（平台會員）的帳號資料

3.用偶像（平台會員）的帳號登入網站，測試：
是否能維護自己的帳號資料
是否能建立自己的文章
是否能修改自己的文章
是否能刪除自己的文章

4.查看前台頁面是否正常顯示

1、建立客戶（平台管理者）帳號

我們回到 cPanel 控制台，在資料庫工具區，點選 phpMyAdmin。

在 phpMyAdmin 裡，點擊進入我們已建立的資料庫：opentw_keyaki。

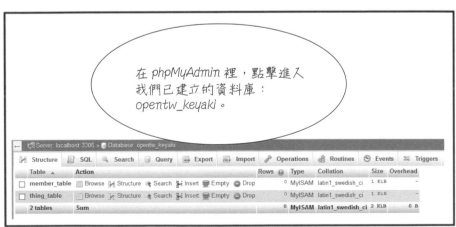

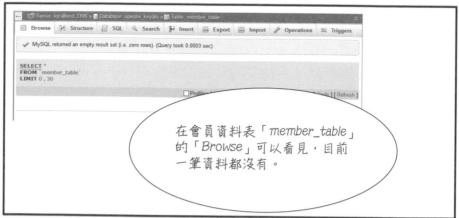

在會員資料表「member_table」的「Browse」可以看見，目前一筆資料都沒有。

點進「Insert」建立客戶（平台管理者）的帳號輸入如下

Column	Value
uid	1
username	admin
password	*********
file	
other	平台管理者
role	1

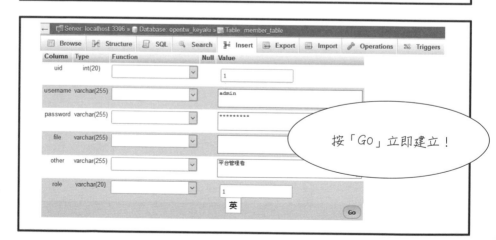

按「Go」立即建立！

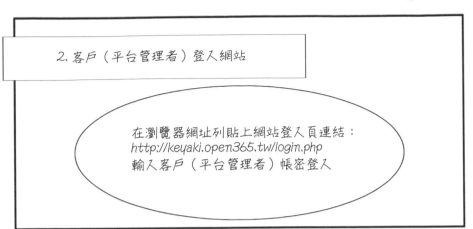

2. 客戶（平台管理者）登入網站

在瀏覽器網址列貼上網站登入頁連結：
http://keyaki.open365.tw/login.php
輸入客戶（平台管理者）帳密登入

登入成功！轉至會員中心頁：
http://keyaki.open365.tw/
member_center.php

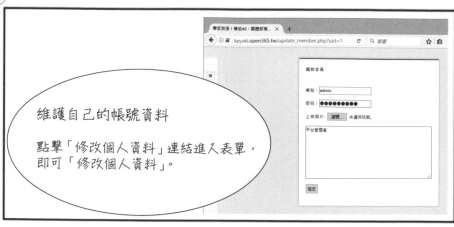

維護自己的帳號資料

點擊「修改個人資料」連結進入表單，
即可「修改個人資料」。

點擊功能選單「管理帳號」即可：

1. 建立偶像（平台會員）的帳號資料
2. 修改偶像（平台會員）的帳號資料
3. 刪除偶像（平台會員）的帳號資料

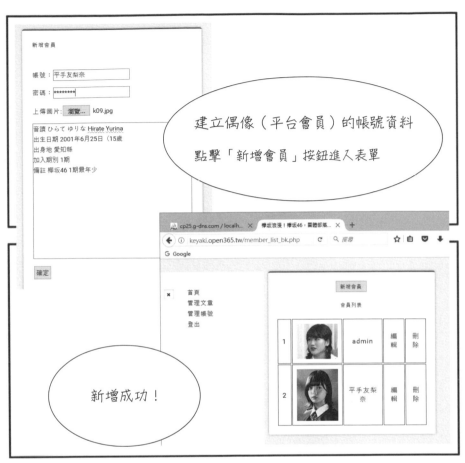

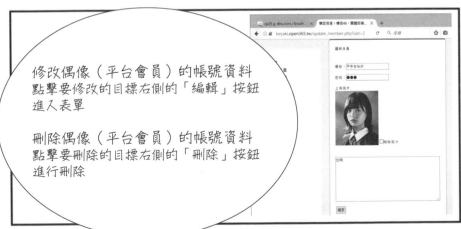

3. 偶像（平台會員）登入網站

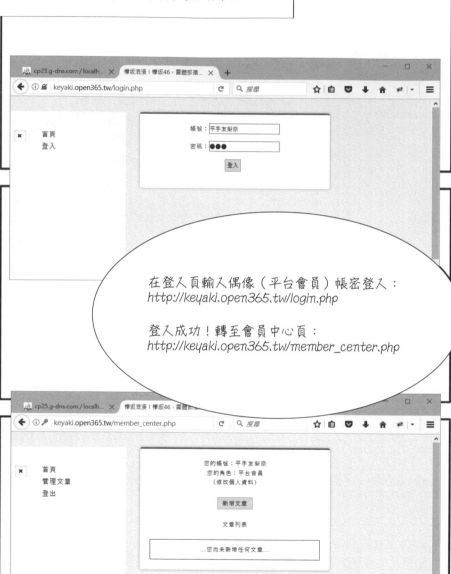

在登入頁輸入偶像（平台會員）帳密登入：
http://keyaki.open365.tw/login.php

登入成功！轉至會員中心頁：
http://keyaki.open365.tw/member_center.php

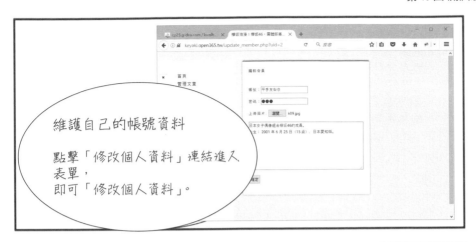

維護自己的帳號資料

點擊「修改個人資料」連結進入表單，
即可「修改個人資料」。

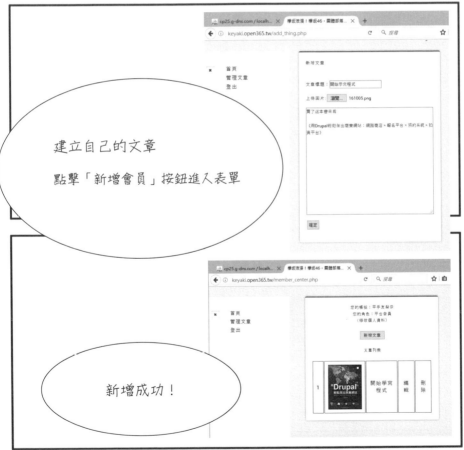

建立自己的文章

點擊「新增會員」按鈕進入表單

新增成功！

修改自己的文章
點擊要修改的目標右側的「編輯」按鈕進入表單

刪除自己的文章
點擊要刪除的目標右側的「刪除」按鈕進行刪除

4. 查看前台頁面是否正常顯示

首頁（成員列表）

文章列表頁

內容詳細頁

網站內所有功能跟頁面
都測試、檢查過後
交付客戶驗收。

會員功能 OK！
文章功能 OK！
前台顯示 OK！

結案！
收錢！

漫話 PHP —史上最簡易的 PHP 學習手冊

158

網站建置需求

一、網站需求

主要需求：建置一個可以讓設計師上架、販賣商品的平台

- 採用可擴充的主機 (Linode or AWS?)，因初期流量不大，待流量大時再變更
- 線上購物可透過刷卡／匯款方式付款
- 站內搜尋功能
- 需要手機版網頁，但不需開發獨立的 APP
- 初期需要英文＆繁體中文兩個版本，不必提供貨幣自動轉換，由賣家自己在後台輸入不同的價格，亦即後台要能讓賣家分別上架英文＆中文內容。但圖片庫是共用，亦即圖片只要上稿一次，僅有文案＆貨幣要分開上）
- 發送電子報（由平台統一編輯＆發送）

二、網站架構

- 買商品

  分類 1

  分類 2

  分類 3

  …

- 會員專區

  ＞買方

  　一紅利積點制度

  　一折價卷功能

  　一訂單紀錄

  　一站內訊息功能

  　一留言＆評鑑（給賣方評價）

  　一訂閱電子報

  　一會員可結合 FB 帳號作註冊＆登錄

  ＞賣方

  　一商品上架

  　一商品管理

  　一訂單管理

  　一設計館管理

  　一可自行編修形象圖／簡介

  　一回覆留言＆給買家評價

本書如有破損或裝訂錯誤，請寄回本公司更換

作　　　者：陳琨和
審　　　校：陳琨和
責 任 編 輯：袁皖君

發 行 人：詹亢戎
董 事 長：蔡金崑
顧　　　問：鍾英明
總 經 理：古成泉
總 編 輯：陳錦輝

出　　　版：博碩文化股份有限公司
地　　　址：(221) 新北市汐止區新台五路一段 112 號
　　　　　　10 樓 A 棟
　　　　　　電話 (02) 2696-2869　傳真 (02) 2696-2867

發　　　行：博碩文化股份有限公司
郵 撥 帳 號：17484299
戶　　　名：博碩文化股份有限公司
博 碩 網 站：http://www.drmaster.com.tw
服 務 信 箱：DrService@drmaster.com.tw
服 務 專 線：(02) 2696-2869 分機 216、238
　　　　　　（週一至週五 09:30 ～ 12:00；13:30 ～ 17:00）

版　　　次：2017 年 4 月初版一刷

建議零售價：新台幣 320 元
I S B N：978-986-434-210-5(平裝)
律 師 顧 問：鳴權法律事務所 陳曉鳴

國家圖書館出版品預行編目資料

漫話 PHP：史上最易懂的 PHP 手冊 / 陳琨和著. --
初版. -- 新北市：博碩文化, 2017.04
　面；　公分

ISBN 978-986-434-210-5(平裝)

1.PHP(電腦程式語言) 2. 網路資料庫
3. 資料庫管理系統 4. 漫畫

312.754　　　　　　　　　　106005958

Printed in Taiwan

博碩粉絲團

歡迎團體訂購，另有優惠，請洽服務專線
(02) 2696-2869 分機 216、238